钳工知识与技能训练

主　编　张国瑞　王　慧

副主编　马永丰　韩　冰

主　审　王宏宝

北京理工大学出版社

BEIJING INSTITUTE OF TECHNOLOGY PRESS

内容简介

本书是一本钳工实训教材，以项目化教学的方式介绍了钳工的基础知识及基本操作技能，着重于钳工基本技能训练。主要内容包括：钳工常用设备及工具、量具的使用，安全文明生产教育，划线、锯削、锉削、錾削、钻孔、扩孔、锪孔、倒角、铰孔、攻螺纹、套螺纹、刮削、研磨、锉配等钳工基本操作及装配技能。

本书可作为高职高专院校机械类和近机械类专业钳工实训或理实一体化教学教材，也可作为相关行业岗位培训教材或自学用书。

图书在版编目（CIP）数据

钳工知识与技能训练／张国瑞，王慧主编．—北京：北京理工大学出版社，2018.8（2022.12重印）
ISBN 978-7-5682-6145-6

Ⅰ．①钳…　Ⅱ．①张…　②王…　Ⅲ．①钳工-高等学校-教材　Ⅳ．①TG9

中国版本图书馆CIP数据核字（2018）第189877号

出版发行／北京理工大学出版社有限责任公司
社　　址／北京市海淀区中关村南大街5号
邮　　编／100081
电　　话／(010)68914775(总编室)
　　　　　(010)82562903(教材售后服务热线)
　　　　　(010)68948351(其他图书服务热线)
网　　址／http://www.bitpress.com.cn
经　　销／全国各地新华书店
印　　刷／廊坊市印艺阁数字科技有限公司
开　　本／787毫米×1092毫米　1/16
印　　张／12.25
字　　数／285千字
版　　次／2018年8月第1版　2022年12月第2次印刷
定　　价／32.00元

责任编辑／边心超
文案编辑／边心超
责任校对／周瑞红
责任印制／李志强

前　言

钳工技能是从事机械行业人员所应具备的基本技能之一。本书的编写是为了满足高职高专院校钳工理论和实训一体化教学需求，使学生掌握从事机械装配、维修及工具制造等工作所必需的钳工基础知识、方法和技能。同时，通过钳工实训，培养和提高学生的全面素质，让学生在实训中培养吃苦耐劳的精神和认真细致的工作作风，具备良好的职业道德和良好的综合职业能力及安全操作知识，为从事专业工作和适应岗位变化以及学习新技术打下基础。

本书采用项目化教学的编写方式，尽可能地贴近实际环境，促进学生的自我思考与学习。本书内容尽可能结合专业，紧贴市场，重在应用，文字简练，通俗易懂，图文并茂，以图为主，操作性强。

本书具有以下特点：

1. 以就业为导向，以钳工基本技能为引领，以国家职业标准考核要求为基本依据。

2. 项目的设计从职业院校学生基础能力出发，遵循专业理论的学习规律和技能的形成，由简到难，循序渐进。

3. 技能操作“以图代理”、图文并茂，方便教师讲授和学生自学。

4. 理论与实际紧密结合，缩短了理论与实践的距离，提高了学习效率。

5. 本书配备多媒体教学资源，方便进行信息化课堂教学，学生可通过移动终端扫描二维码在线学习。

本书由内蒙古机电职业技术学院张国瑞、王慧担任主编，马永丰、韩冰担任副主编，王宏宝担任主审。其中，张国瑞编写项目一任务二、项目二任务一至任务八，王慧编写项目三、项目四、项目五、项目六、项目七、项目八，马永丰编写项目二任务九、项目九、项目十，韩冰编写项目一任务一、任务三。

本书在编写过程中，得到了内蒙古机电职业技术学院教学实习部全体同仁的大力支持，王再秋对本书的编写给予了中肯指导并提出宝贵意见。刘亚敏和张玉梅参与了本书的编写，侯国斌、程千里等师傅对本书的编写亦有贡献，在此一并表示衷心感谢。

编　者

2018 年 4 月

目　录

项目一

钳工实训准备工作

任务一　钳工入门

知识目标

1. 认识钳工的作用。
2. 了解钳工的特点及加工范围。
3. 了解钳工的主要操作技能。

相关知识

一、钳工的作用及内容

钳工是使用钳工工具，对工件进行加工、修整、装配的工种。

无论任何机械产品，它的制造过程通常都包括毛坯的制造、零件的加工制造、部件组装、整机装配和调试试运行等阶段。其中有大量的工作必须依靠钳工来完成。钳工是机械制造中不可缺少的一种方法，它的工作范围很广，主要包括以下几个方面：

1. 机械零件的加工制造

在机械制造中，有的零件，特别是那些外形轮廓不规则的零件，在加工前往往要经过钳

工的划线才能进行切削加工；而有的零件的加工表面不适用于机械加工，这就需要利用锉、锯、钻、錾等钳工工艺来完成。

2. 精密工、量、夹具的加工制造

在工业生产中，常会遇到专用工、量、夹具的加工制造问题。这类用具的工艺特点是单件生产、加工表面不规则、精度要求高，机械加工困难或经济性差，而钳工恰恰可以解决此类问题。

3. 机械设备的装配、调试

零件加工完成后，要由钳工进行部件组装和整机装配，而后根据设备的设计和使用指标进行调试和精度检测，最后还要进行设备的试运行和验收，直到装配精度和性能全部满足要求。

4. 机械设备的维修

机械设备运行中总会不可避免地出现一些故障，通常需要钳工来进行修复；运行一段时间后，大部分零件由于磨损而失去原有的精度，需要进行大修，这项工作也需要钳工来完成。

5. 技术的创新

随着机械制造业的迅速发展，制造技术水平不断的提高必须依靠技术的不断创新。所以，工具和工艺的改进与创新，也是钳工的重要工作内容。

机械制造业的日益发展，对工人的技术要求越来越高，技术分工越来越细，钳工技术也是一样。目前，在国家规定的工种分类中，将钳工分成普通钳工和工具钳工两大类。在工厂中，尤其是现代化程度较高的大型工厂，钳工的分工较细，专业化程度也较高，比如，按照加工对象的不同，钳工可分为普通钳工、划线钳工、装配钳工、维修钳工、电器钳工和工具钳工等。但是，无论哪种钳工，其基本操作技能的内容都是一致的。钳工的基本操作技能可分为划线、锉削、锯削、钻孔、扩孔、锪孔、铰孔、攻螺纹、套螺纹、錾削、刮削、研磨、矫正和弯曲等。

二、钳工必需的操作技能

1. 划线

划线作为零件加工的第一道工序，与零件的加工余量有着密切的关系。钳工在划线时，首先应熟悉图样，合理使用划线工具，按照划线步骤在待加工工件上画出零件的加工界限、各种孔的中心线，作为零件装夹、加工的依据。

2. 锯削

锯削用来分割材料或在工件上锯出符合技术要求的沟槽。锯削时必须根据工件的材料性质和工件形状，正确选用锯条和锯削方法，从而使锯削操作能顺利地进行，并达到规定的技术要求。

3. 锉削

锉削是利用各种形状的锉刀，对工件进行切削、整形，使工件达到较高的精度和较为准确的形状。锉削是钳工工作中的主要操作方法之一，它可以对工件的外平面、曲面、内外角、沟槽和各种形状的表面进行加工。

4. 錾削

錾削是钳工最基本的操作，是利用錾子和锤子这些简单工具对工件进行切削和切断的操

作。錾削主要在零件加工要求不高或机械无法加工的场合采用。同时，錾削还要求操作者具有熟练的锤击技能。

5. 孔加工（包括钻孔、扩孔、锪孔和铰孔）

钻孔、扩孔、锪孔和铰孔是钳工对孔进行粗加工、半精加工和精加工的四种方法，应用时根据孔的加工要求和加工条件选用。其中，钳工钻孔、扩孔、锪孔是在钻床上进行的，铰孔可用手铰，也可以通过钻床进行机铰。掌握钻孔、扩孔、锪孔、铰孔的操作技能，必须熟悉钻、扩、锪、铰等所用刀具的切削性能，以及钻床和一些夹具的结构性能，合理选用切削用量。熟练掌握手工操作的具体方法，是保证钻孔、扩孔、锪孔、铰孔加工质量的关键。

6. 螺纹加工（包括攻螺纹和套螺纹）

攻螺纹是用丝锥在工件内圆柱面上加工出内螺纹的加工方法，套螺纹是用圆板牙在工件外圆柱面上加工外螺纹的加工方法。钳工所加工的螺纹，通常都是直径较小的三角螺纹或不适宜在机床上加工的螺纹。

7. 刮削和研磨

刮削是钳工对工件进行精加工的一种方法。通过刮削，不仅可以获得较高的几何精度、尺寸精度、接触精度和传动精度，而且还能通过刮刀在刮削过程中对工件表面产生的挤压，使表面组织紧密，从而提高材料的力学性能、耐磨性和耐蚀性。

研磨是最精密的加工方法。它是通过磨料在研具和工件之间作滑动、滚动产生微量切削，使工件达到很高的尺寸精度和很低的表面粗糙度。

8. 矫正和弯形

矫正和弯形是利用金属材料的塑性变形，采用合适的方法，对变形或存在某种缺陷的原材料和零件加以矫正，以消除变形等缺陷，或者利用专用工具将原材料弯成图样所需要的形状，并对弯形前的材料进行落料长度计算。

9. 装配和修理

装配就是按照图样规定的要求，将零件通过适当的连接形式组合成部件或完整的机器。修理就是对使用日久或由于操作不当而精度和性能下降，甚至损坏的机器或零件进行调整，使之恢复到原来的精度和性能要求。

10. 测量

在生产过程中要保证零件的加工精度和要求，首先对产品进行必要的测量和检验。钳工在零件加工装配过程中，经常利用导板、游标卡尺、千分尺、百分表和水平仪对零件进行测量检查。这些都是钳工必须掌握的测量技能。

另外，钳工还必须了解和掌握金属材料热处理的一般知识，熟练掌握一些钳工工具的制造和热处理方法，如锤子、錾子、样冲、划针、划规和刮刀等工具的制造和热处理方法。

三、钳工的特点

① 加工灵活、方便，能加工形状复杂、质量要求高的零件。

② 工具简单，制造方便，材料来源充足，成本低。

③ 工作范围广，劳动强度大，生产率低，对工人技术水平要求高。

四、钳工的加工范围

① 工件加工前的准备工作，如清理毛刺、在工件上划线。

② 加工精密零件。例如常用的样板就是钳工采用锉削的方法加工出来的，还有机器、量具的配合表面是钳工采用刮削、研磨的方法加工出来的。

③ 在工件上加工内外螺纹等。

④ 零件装配成机器时，相互配合零件的调整，整台机器的组装、调试等。

任务二　熟悉钳工实训环境

知识目标

1. 了解钳工场地设备。
2. 了解钳工实训主要工具、量具的名称、种类、规格和功能。

能力目标

1. 能正确使用和维护台虎钳。
2. 能正确使用和维护钳工常用设备。
3. 能够正确选择和使用钳工工具。

相关知识

一、钳工操作的常用设备及工具

钳工加工常用的设备大多比较简单，主要有钳台、台虎钳、砂轮机、台钻、立钻和摇臂钻床等。

1. 钳台

钳台也称钳工台或钳桌，主要用来安装台虎钳和存放常用手动工具、量具和夹具。钳台的样式有多人单排和多人双排两种。双排式钳台由于操作者面对面操作，中间必须设置防护板或防护网。钳台多由铸铁和坚实的木材制成，台面一般为长方形或六角形等形状，其长、宽尺寸由工作场地和工作需要确定，高度一般为 800~900 mm，如图 1-1 所示。装上台虎钳后，能够得到合适的钳口高度（一般以齐人手肘为宜）。

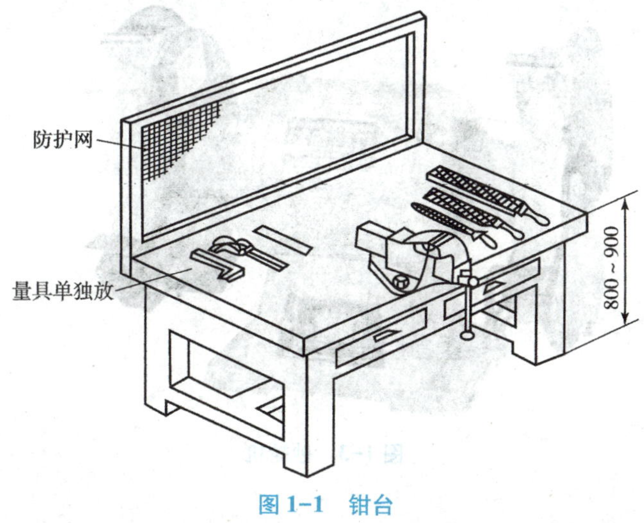

图 1-1　钳台

2. 台虎钳

台虎钳是用来夹持工件的通用夹具，通常安装在钳台上，是使用手动工具加工时的必备装备。台虎钳的结构类型可分为固定式、回转式和升降式 3 种，如图 1-2 所示。其中，回转式台虎钳的钳体可以旋转，可使工件旋转到合适的工作位置。

升降式台虎钳是一种新型的换代产品，它除了具有回转式台虎钳的全部功能外，还可以通过气压弹簧使整个钳体上升或下降，可满足不同身高操作者对钳口高度的要求。

台虎钳的规格以钳口的宽度表示，有 100 mm、125 mm 和 150 mm 等。

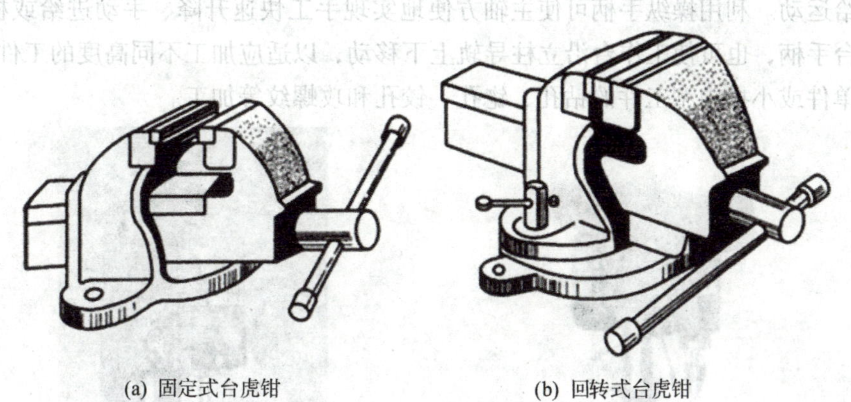

(a) 固定式台虎钳　　(b) 回转式台虎钳

图 1-2　台虎钳

3. 砂轮机

砂轮机主要用来刃磨各种刀具或磨削其他工具，如磨削錾子、钻头、刮刀、样冲、划针等，也可刃磨其他刀具，如图 1-3 所示。由于砂轮较脆且转速很高，使用不当容易伤人，使用时应严格遵守操作规程。

图 1-3　砂轮机

4. 钻床

钻床是钳工常用的孔加工设备，按结构的不同，可分为台式钻床、立式钻床和摇臂钻床三种。

台式钻床是一种用于加工孔的小型钻削机床，一般安装在钳台上。它以钻头等作为刀具。工作时，工件固定不动，刀具旋转作为主运动，同时拨动手柄使主轴上下移动，实现进给运动和退刀，如图 1-4 所示。台式钻床转速高，使用灵活，效率高，适用于较小工件的钻孔。其最低转速较高，故不适宜进行锪孔和铰孔加工。

图 1-5 所示为立式钻床的一种布局形式。加工时，主轴的旋转作为主运动，其轴向移动实现进给运动。利用操纵手柄可使主轴方便地实现手工快速升降、手动进给或机动进给。摇动工作台手柄，也可使工作台沿立柱导轨上下移动，以适应加工不同高度的工件。立式钻床适宜于单件或小批中型工件的钻孔、锪孔、铰孔和攻螺纹等加工。

图 1-4　台式钻床

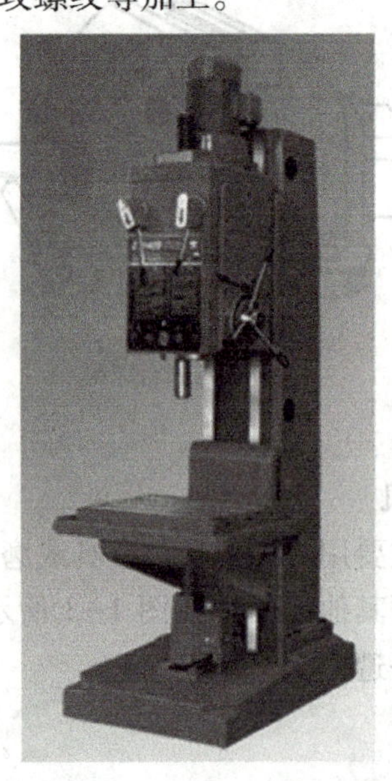

图 1-5　立式钻床

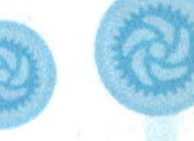

摇臂钻床操作灵活省力，钻孔时，摇臂可沿立柱上下升降和绕立柱回转 360°角，如图 1-6 所示。可在大型工件上钻孔或在同一工件上钻多孔，最大钻孔直径可达 80 mm。摇臂钻床的主轴变速范围和进给量调整范围广，所以加工范围广泛，可用于钻孔、扩孔、锪孔、铰孔和攻螺纹等加工。

二、钳工常用的工具

钳工工作中用到的工具很多，最常用的工具主要有扳手类、钳类、螺钉旋具和手锤等。

（一）扳手类

扳手是用来拆装各种螺纹连接件的常用工具。按其结构形式和作用的不同，可分为固定扳手、活动扳手、管扳手和特殊扳手四大类。

1. 固定扳手

固定扳手主要用来旋紧或松开固定尺寸的螺栓或螺母。常见的种类有呆扳手、梅花扳手和两用扳手等。固定扳手的规格是以钳口开口的宽度来标识的。

图 1-6 摇臂钻床

（1）呆扳手

呆扳手又称开口扳手，一端或两端制有固定尺寸的开口，用以拧转一定尺寸的螺母或螺栓，如图 1-7 所示。其开口的宽度大小有 8～10 mm、12～14 mm 和 17～19 mm 等规格，通常成套装备，有 8 件一套、10 件一套等。

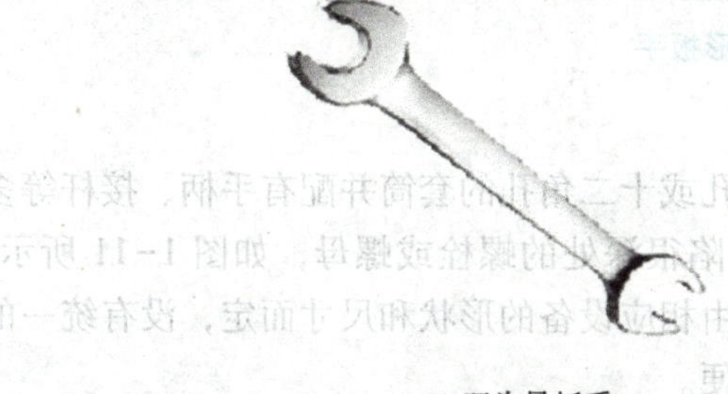

(a) 双头呆扳手　　(b) 单头呆扳手

图 1-7 呆扳手

（2）梅花扳手

梅花扳手两端具有带六角孔或十二角孔的工作端，如图 1-8 所示。与呆扳手相比，由于梅花扳手扳动 30°后，即可换位再套，因此适用于工作空间狭小、不能使用普通扳手的场合，而且强度高，使用时不宜滑脱，应优先选用。其闭口尺寸大小也分有 8～10 mm、12～14 mm 和 17～19 mm 等规格，通常成套装备，有 8 件一套、10 件一套等。

（3）两用扳手

两用扳手一端与单头呆扳手相同，另一端与梅花扳手相同，两端拧转相同规格的螺栓或螺母，如图 1-9 所示。

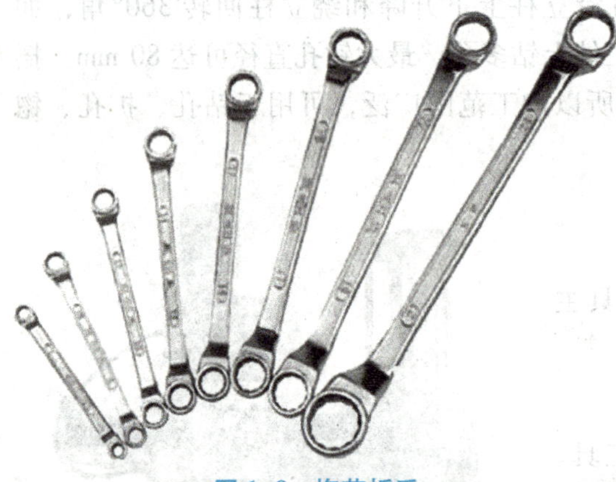
图 1-8　梅花扳手

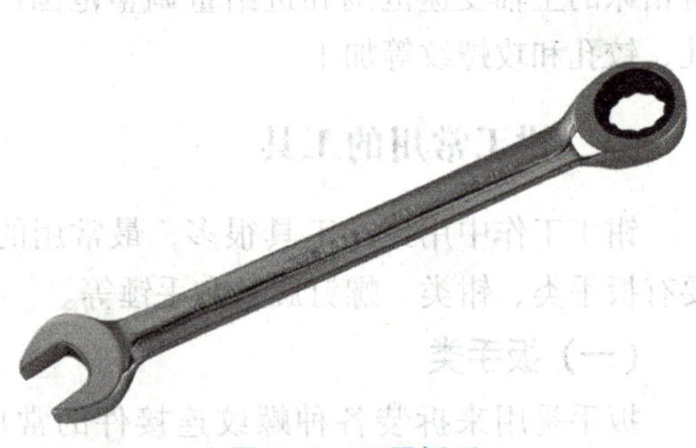
图 1-9　两用扳手

（4）钩形扳手

钩形扳手又称月牙形扳手，用于拧转厚度受限制的扁螺母等，如图 1-10 所示。

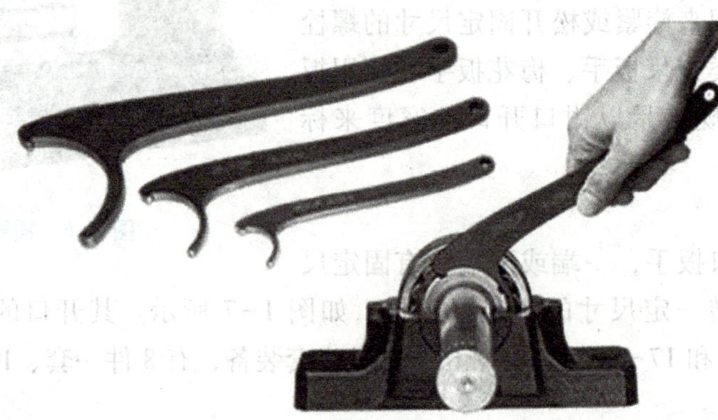
图 1-10　钩形扳手

（5）套筒扳手

套筒扳手一般称为套筒，它是由多个带六角孔或十二角孔的套筒并配有手柄、接杆等多种附件组成，特别适用于拧转地位十分狭小或凹陷很深处的螺栓或螺母，如图 1-11 所示。套筒头是一个凹六角形的圆筒，其外径的长短等由相应设备的形状和尺寸而定，没有统一的国家标准，所以使用起来要比呆扳手更灵活和方便。

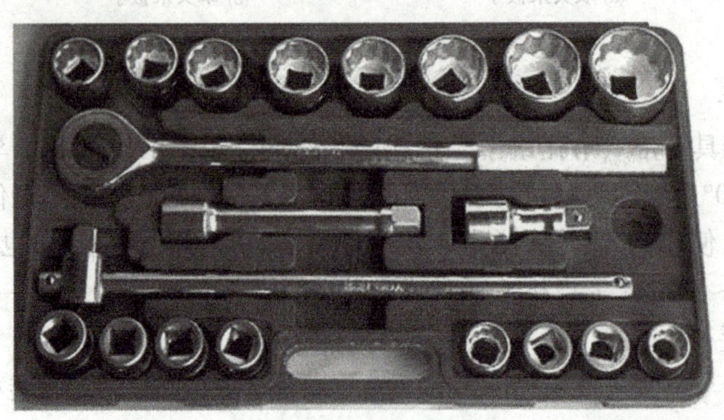
图 1-11　套筒扳手

(6) 内六角扳手

内六角扳手是形状成 L 形的六角棒状扳手，专用于拧转内六角螺钉，如图 1-12 所示。内六角扳手的型号以端面六边形的对边尺寸表示，有 3～27 mm 尺寸 13 种。其规格已经标准化。

2. 活动扳手

活动扳手又称活扳手或活口扳手，开口尺寸能在一定的范围内任意调整。因此，一把活扳手可以扳动其开口尺寸范围内任一种规格的螺栓和螺母，如图 1-13 所示。活扳手的规格以其最大开口宽度（mm）×扳手长度（mm）来表示。

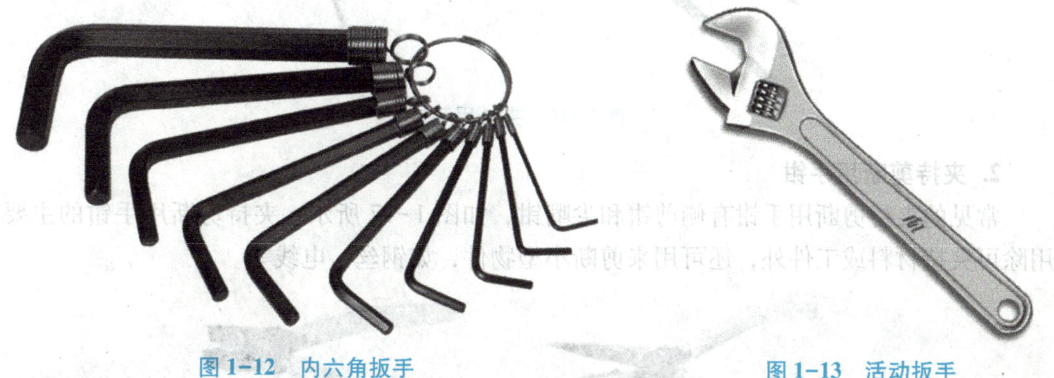

图 1-12　内六角扳手　　图 1-13　活动扳手

3. 特种扳手

特种扳手是在结构和功用上有别于上述两类扳手的一类扳手，较为常用的有以下两种：

(1) 扭力扳手

扭力扳手又称力矩扳手或测力扳手。扳手柄上带有刻度、指针或数显表，如图 1-14 所示。它在拧转螺栓或螺母时，能显示出所施加的力矩；或者当施加的力矩到达规定值后，会发出光或声响信号。扭力扳手适用于对力矩大小有明确规定的螺栓或螺母的拆装。

(2) 气动扳手

气动扳手以压缩空气为动力，力矩较大，可以连续转动，通常用来拆卸和上紧一些较大的螺母，如图 1-15 所示。

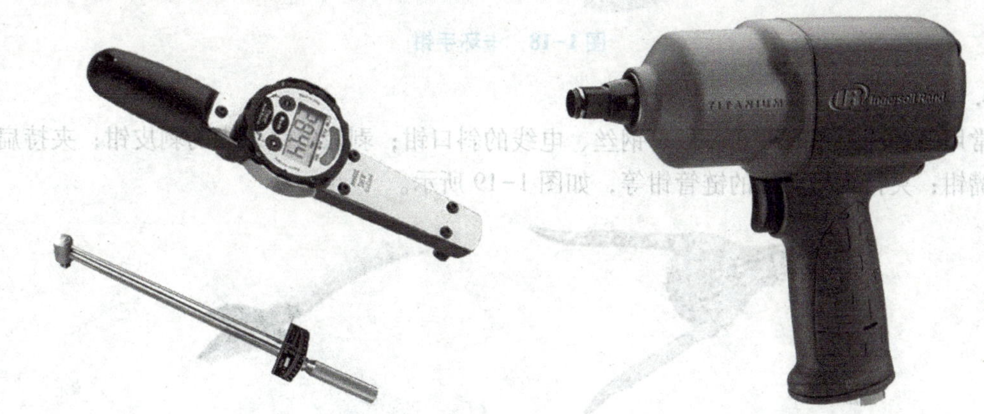

图 1-14　扭力扳手　　图 1-15　气动扳手

（二）手钳类

手钳按照用途不同，可分为夹持用手钳、夹持剪断用手钳、拆装扣环用卡环手钳和特殊手钳等。

1. 夹持用手钳

夹持用手钳的主要作用是夹持材料或工件，如图 1-16 所示。

图 1-16　夹持用手钳

2. 夹持剪断用手钳

常见的夹持剪断用手钳有侧剪钳和尖嘴钳，如图 1-17 所示。夹持剪断用手钳的主要作用除可夹持材料或工件外，还可用来剪断小型物件，如钢丝、电线等。

图 1-17　夹持剪断用手钳

3. 拆装扣环用卡环手钳

拆装扣环用卡环手钳有直轴用卡环手钳和套筒用卡环手钳两种类型，如图 1-18 所示。拆装扣环用卡环手钳的主要作用是装拆扣环，即可将扣环张开套入或移出环状凹槽。

图 1-18　卡环手钳

4. 特殊手钳

常用的特殊手钳有剪切薄板、钢丝、电线的斜口钳；剥除电线外皮的剥皮钳；夹持扁物的扁嘴钳；夹持大型筒件的链管钳等，如图 1-19 所示。

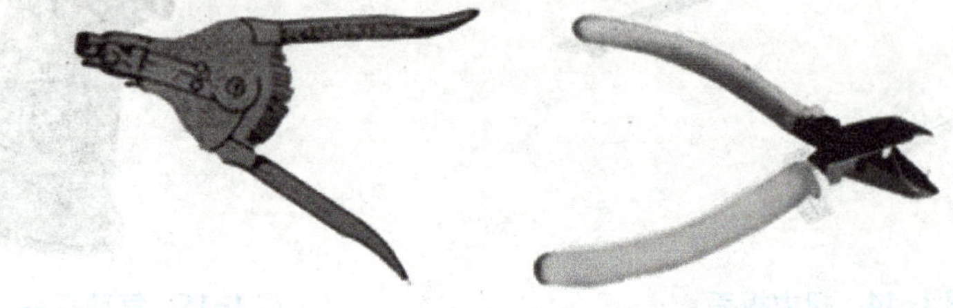

图 1-19　特殊手钳

（三）螺钉旋具

螺钉旋具又称螺丝刀、改锥、起子，主要用于旋紧或松退螺钉连接件。常见的螺丝刀有一字形、十字形和双弯头形螺丝起三种，如图 1-20 所示。螺丝刀的结构由手柄、刀体和刃口三部分组成，其规格以刀体部分的长度来表示。常用的规格有 100 mm、150 mm、200 mm 和 300 mm 等几种。

（四）手锤

手锤是用来敲击物件的工具，如图 1-21 所示。手锤一端平面略有弧形，是其基本工作面，另一端球面用来敲击凹凸形状的工件。锤头按形状可分为圆头、扁头和尖头三种类型；按材料可分为金属手锤和非金属手锤两种。其中常用的金属锤有钢锤和铜锤两种，常用非金属锤有塑胶锤、橡胶锤、木槌等。手锤的规格是以锤头的质量来表示的，以 0.5～0.75 kg 最为常用。

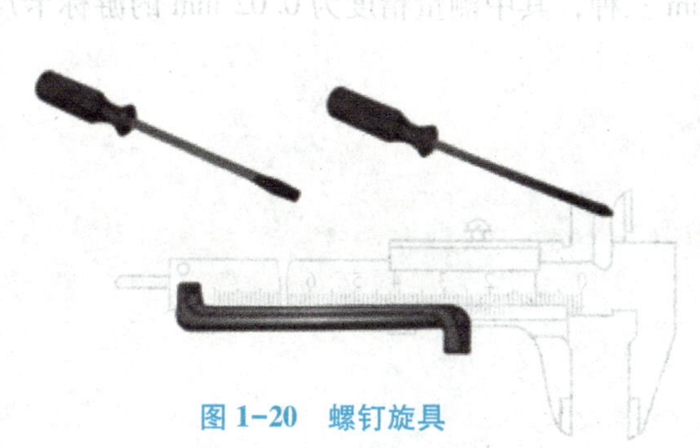

图 1-20　螺钉旋具

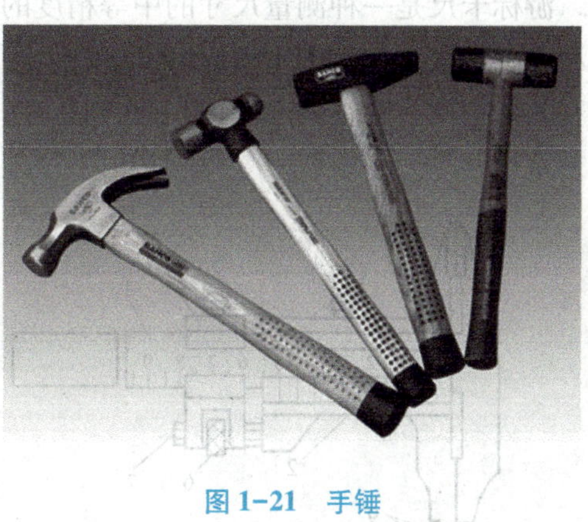

图 1-21　手锤

三、钳工基本量具的使用

（一）钳工基本量具

1. 钢直尺

钢直尺是常用量具中最简单的一种量具，如图 1-22 所示，主要用来测量工件的长度、宽度、高度和深度等，有时也可以作为画直线的导向工具。规格有 150 mm、300 mm、500 mm、和 1000 mm 四种。钢直尺的使用和读数方法如图 1-23 所示。

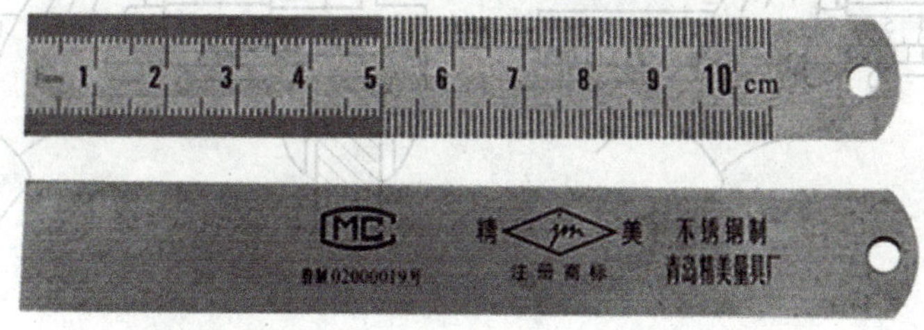

图 1-22　钢直尺

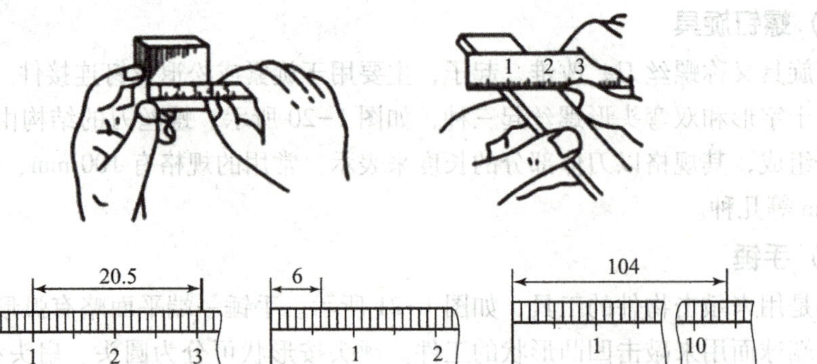

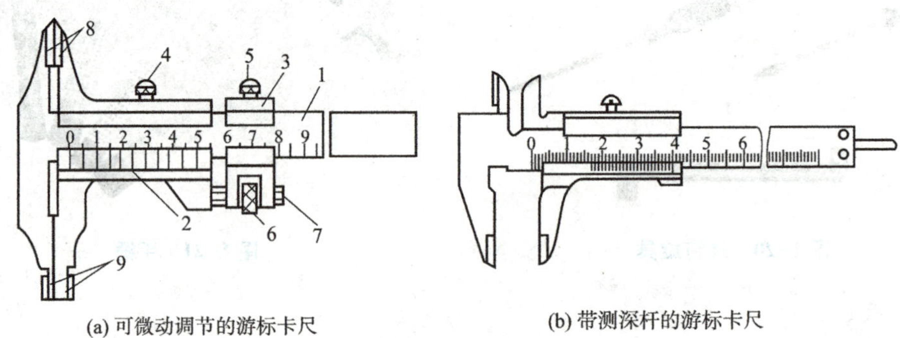

图 1-23 钢直尺的使用与读数

2. 游标卡尺

游标卡尺是一种测量尺寸的中等精度的量具，可测量工件外径、孔径、长度、宽度、深度和孔距等尺寸，如图 1-24 所示。游标卡尺的规格有 125 mm、150 mm、200 mm 和300 mm 等，测量精度有 0.1 mm、0.02 mm 和 0.05 mm 三种，其中测量精度为 0.02 mm 的游标卡尺最为常用。

(a) 可微动调节的游标卡尺　　(b) 带测深杆的游标卡尺

图 1-24 游标卡尺

1—尺身（主尺）；2—游标（副尺）；3—辅助游标；4—锁紧螺钉；5—螺钉；
6—微调螺母；7—螺杆；8—外测量爪；9—内测量爪

测量时，应将游标卡尺两测量脚张开到略大于被测尺寸，先将固定脚的测量面贴靠工件，然后用大拇指轻轻推动游标，使活动量脚逐步紧靠工件后保持动作，并开始读数，如图 1-25 所示。

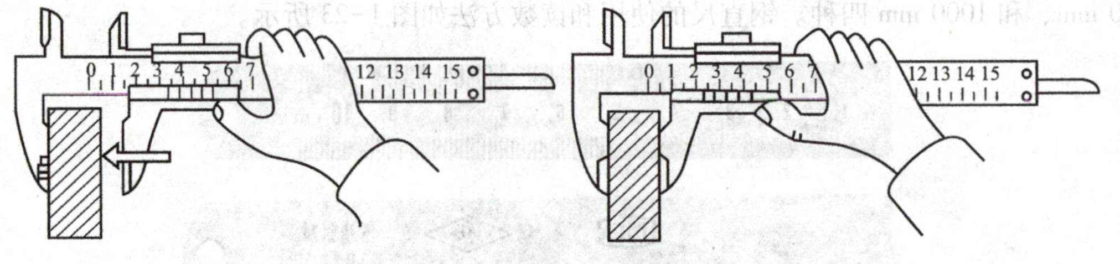

图 1-25 游标卡尺的使用

游标卡尺的读数与测量精度有关。以 0.02 mm 精度的游标卡尺为例，主尺上每格为 1 mm，副尺区取主尺的 49 格等分为 50 份，每一格为 0.98 mm，尺身与副尺每格之差为

0.02 mm，如图 1-26（a）所示。读数时先读出游标 0 线前主尺的整数值，再加上游标与主尺重合线处的数值乘以精度值 0.02，二者之和即为所测尺寸。如图 1-25 所示，游标 0 线前主尺的整数值为 22，游标与主尺重合刻度线处的数值为 9，读数为 22 mm+9×0.02 mm=22.18 mm，如图 1-26（b）所示。读数时视线应垂直于游标刻度线，以免斜视引起读数误差。

游标卡尺的读数方法

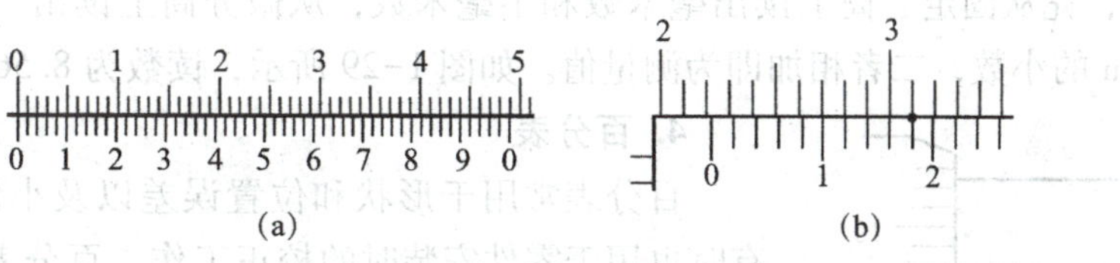

图 1-26　游标卡尺的读数方法

3. 千分尺

千分尺是一种精密量具，测量精度为 0.01 mm，比游标卡尺的精度要高，常用于加工精度较高的工件尺寸的测量。按照测量对象的不同，千分尺有外径千分尺、内径千分尺和深度千分尺三种，如图 1-27 和图 1-28 所示。

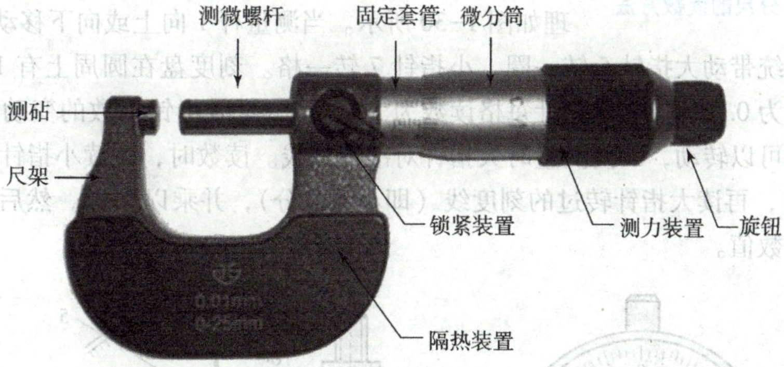

图 1-27　外径千分尺

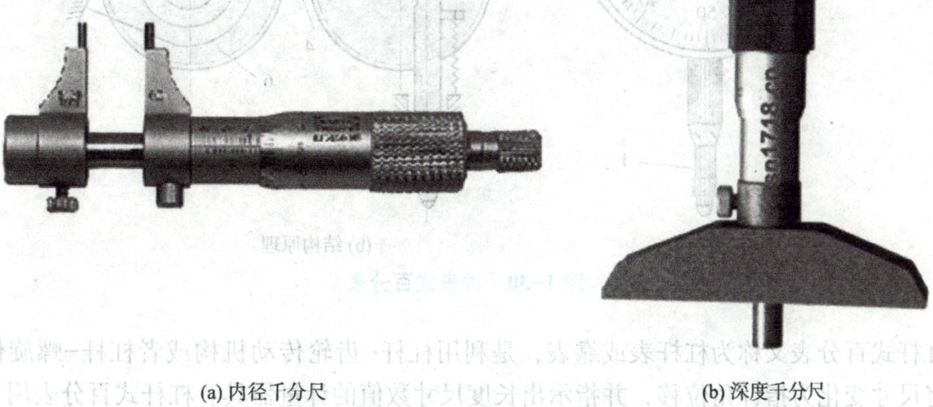

(a) 内径千分尺　　(b) 深度千分尺

图 1-28　内径千分尺与深度千分尺

外径千分尺的测微螺杆与微分筒是连在一起的，转动微分筒时，测微螺杆即可沿其轴向方向前进或后退。测微螺杆的螺距是 0.5 mm，可动刻度有 50 个等分刻度，可动刻度旋转一周，测微螺杆可前进或后退 0.5 mm，因此旋转每个小分度，相当于测微螺杆前进或推后 0.01 mm。当测砧和测微螺杆并拢时，可动刻度的零点若恰好与固定刻度的零点重合：测量时，先从固定套筒上读出毫米数和半毫米数，从微分筒上读出小于 0.5 mm 的小数，二者相加即为测量值。如图 1-29 所示，读数为 8.56 mm。

外径千分尺的读数方法

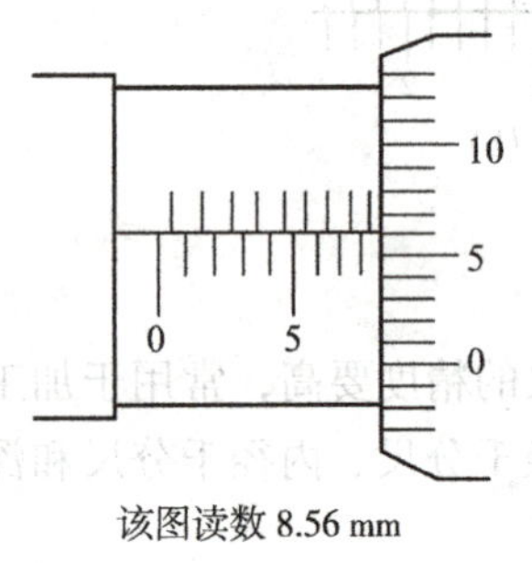

该图读数 8.56 mm

图 1-29　千分尺的读数方法

4. 百分表

百分表常用于形状和位置误差以及小位移的长度测量，有时也用于零件安装时的校正工作。百分表不能用于绝对数值的测量，只能测出相对数值，所以是一种比较型的量具。百分表的圆表盘上印制有 100 个等分刻度，即每一分度值相当于量杆移动 0.01 mm。若在圆表盘上印制有 1 000 个等分刻度，则每一分度值为 0.001 mm，这种测量工具即为百分表。百分表有钟表式和杠杆式两种。钟表式百分表的结构原理如图 1-30 所示。当测量杆 1 向上或向下移动 1 mm 时，通过齿轮传动系统带动大指针 5 转一圈，小指针 7 转一格。刻度盘在圆周上有 100 个等分格，各格的读数值为 0.01 mm。小指针每格读数为 1 mm。测量时指针读数的变动量即为尺寸变化量。刻度盘可以转动，以便测量时大指针对准零刻线。读数时，先读小指针转过的刻度线（即毫米整数），再读大指针转过的刻度线（即小数部分），并乘以 0.01，然后两者相加，即得到所测量的数值。

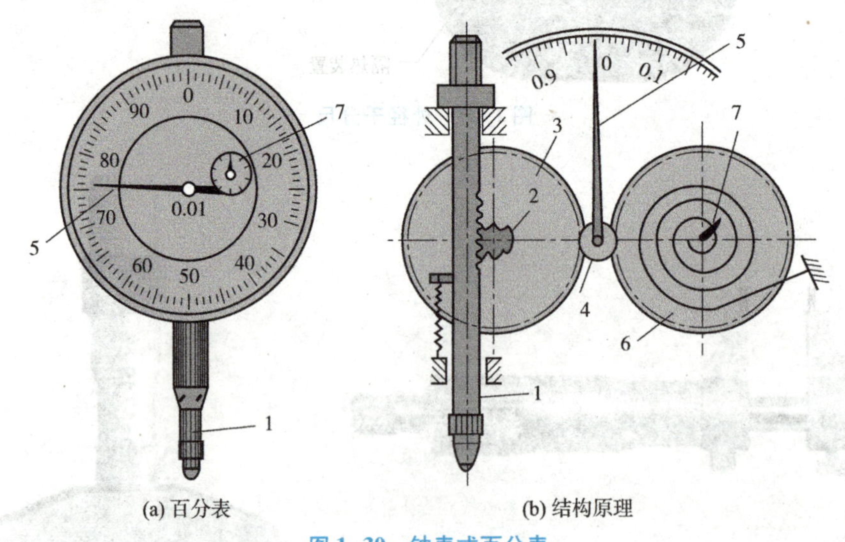

(a) 百分表　　(b) 结构原理

图 1-30　钟表式百分表

杠杆式百分表又称为杠杆表或靠表，是利用杠杆-齿轮传动机构或者杠杆-螺旋传动机构，将尺寸变化为指针角位移，并指示出长度尺寸数值的计量器具。杠杆式百分表用于测量工件几何形状误差和相互位置正确性，并可用比较法测量长度，如图 1-31 所示。

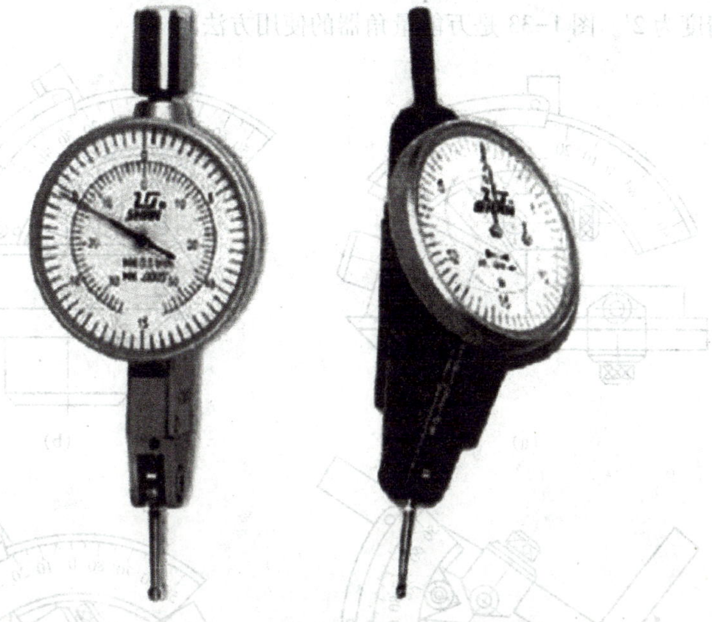

图 1-31　杠杆式百分表

5. 万能量角器

万能量角器又称为角度规、游标角度尺和万能角度尺，它是利用游标读数原理来直接测量工件角或进行划线的一种角度量具，如图 1-32 所示。测量时，捏手可通过小齿轮转动扇形齿轮，使基尺改变角度带动尺身沿游标转动。角尺和直尺可以配合使用，也可以单独使用。

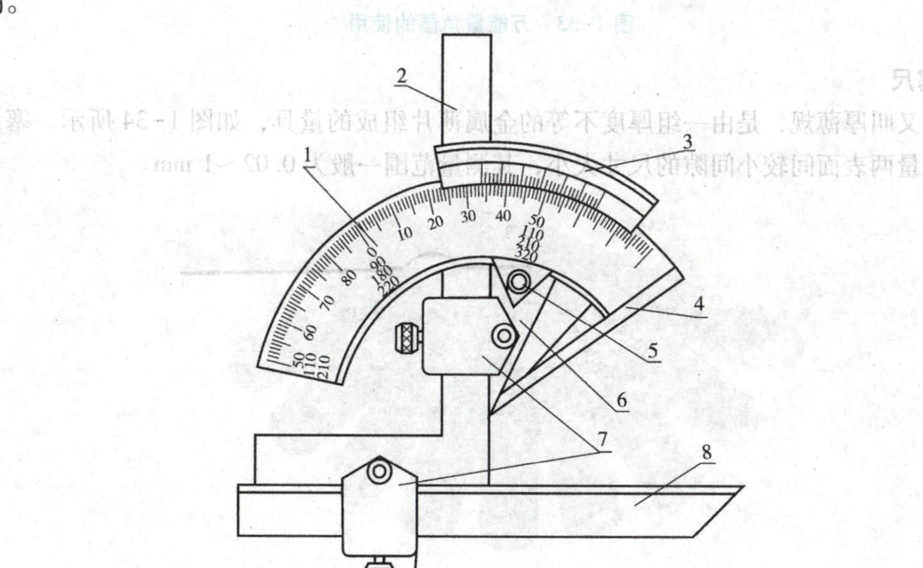

图 1-32　万能量角器

1—尺身；2—角尺；3—游标；4—制动器；5—基尺；6—直尺；7—卡块；8—捏手

万能角度尺适用于机械加工中的内、外角度测量，可测 0°～320°外角及 40°～180°内角，测量精度为 2′。图 1-33 是万能量角器的使用方法。

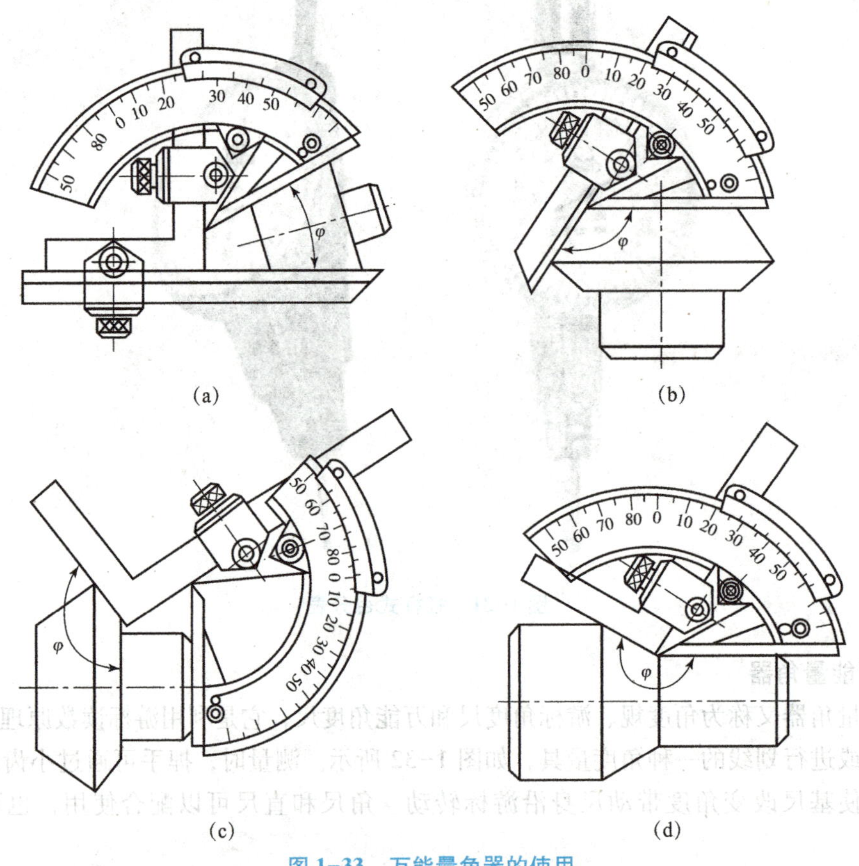

图 1-33　万能量角器的使用

6. 塞尺

塞尺又叫厚薄规，是由一组厚度不等的金属薄片组成的量具，如图 1-34 所示。塞尺主要用于测量两表面间较小间隙的尺寸大小，其测量范围一般为 0. 02～1 mm。

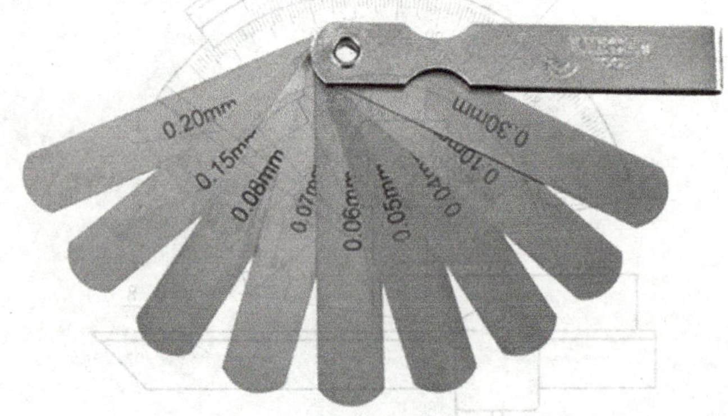

图 1-34　塞尺

每片塞尺上都标记有它的工作尺寸，使用时根据被测间隙的大小选择适宜厚度的塞尺塞入被测间隙。若能方便塞入且能任意活动，则说明所选塞尺厚度太小；若塞尺塞不进去，则

说明选择厚度太大；若塞尺塞入间隙后，移动时有轻微的阻滞感，则此时塞尺的厚度即为被测间隙的尺寸。

7. 卡规与量规

卡规与量规是批量生产中使用的量具。卡规用来测量工件的外表面尺寸，如长度、厚度和直径等。塞规用来测量工件的内表面尺寸，如孔径、槽宽等。卡规与量规如图 1-35 所示。

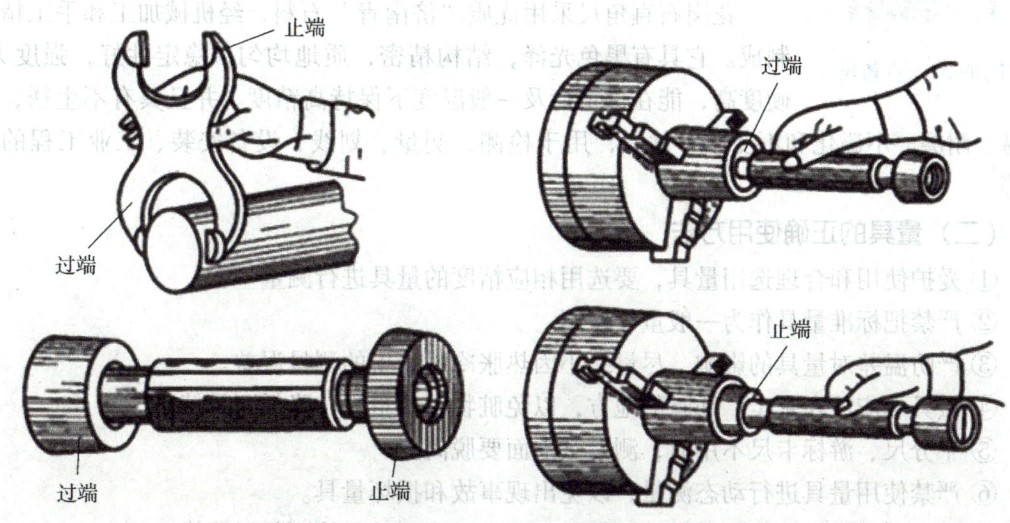

图 1-35 卡规与量规

卡规最大极限尺寸一端叫做过端（通端），最小极限尺寸一端叫做止端，而塞规恰好与之相反。测量时，如果过端能通过工件，而止端不能通过工件，则说明工件合格；如果过端能通过工件，而止端也能通过工件，则说明工件尺寸太小，已成废品；如果通端和止端都不能通过工件，则说明工件尺寸太大，不合格，必须返工。

8. 刀口尺

刀口尺是检验工件直线度和平面度的测量工具，如图 1-36 所示。它具有结构简单、质量轻、不生锈、操作方便和测量效率高等优点。常用规格有 500 mm、600 mm、750 mm 和 1 000 mm等。刀刃口的精度一般都比较高，直线度误差控制在 1 μm 左右，测量表面粗糙度 *Ra* 不大于 0. 051 μm。

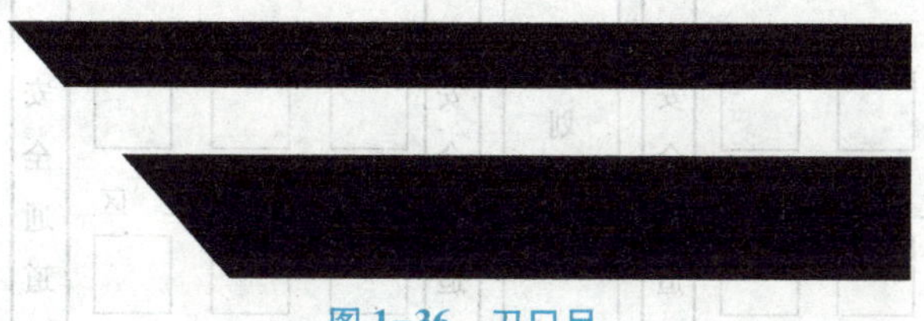

图 1-36 刀口尺

9. 直角尺

直角尺是一种专业量具，简称为角尺，在有些场合还称为靠尺，如图 1-37 所示。直角尺用于检测工件的垂直度及工件相对位置的垂直度，有时也用于划线。

直角尺按材质可分为铸铁直角尺、镁铝直角尺和花岗石直角尺。

图 1-37　直角尺

铸铁直角尺类包括方尺、弯板等 90°专用工具，适用于机床、机械设备及零部件的垂直度检验、安装、加工定位和划线等，是机械行业中重要的测量工具。它的特点是精度高，稳定性好，便于维修。

镁铝直角尺也叫镁铝合金直角尺，质量轻，容易搬运，不容易变性，屈服点超过一般钢材铸铁等，用于检测、测量、划线、设备安装、工业工程的施工。

花岗石直角尺采用优质“济南青”石料，经机械加工和手工精磨制成。它具有黑色光泽，结构精密，质地均匀，稳定性好，强度大，硬度高，能在重负荷及一般温度下保持高精度。并且具有不生锈、耐酸碱、耐磨、不磁化和不变形等优点，用于检测、测量、划线、设备安装、工业工程的施工等。

（二）量具的正确使用方法

① 爱护使用和合理选用量具，要选用相应精度的量具进行测量。

② 严禁把标准量具作为一般量具使用。

③ 严防温差对量具的影响，尽量缩小因热胀冷缩产生的测量误差。

④ 量具不应放在灰尘、油腻的地方，以免脏物侵入量具，降低测量精度。

⑤ 千分尺、游标卡尺不用时，测量基准面要脱离。

⑥ 严禁使用量具进行动态测量，以免出现事故和损坏量具。

⑦ 当发现量具失准、缺附件或损坏时，要及时送到计量检测部门检修。

⑧ 用完量具后，应将其擦拭干净，放入量具盒。

四、钳工实习场地的布置及工、量具的摆放

钳工实习场地一般分为钳工工位区、台钻区、划线区和刀具刃磨区等区域，如图 1-38 所示。各区域由黄线分割而成，区域之间留有安全通道。在钳工实习场地中走动时，一定要在安全通道内。钳工实训现场如图 1-39 所示。

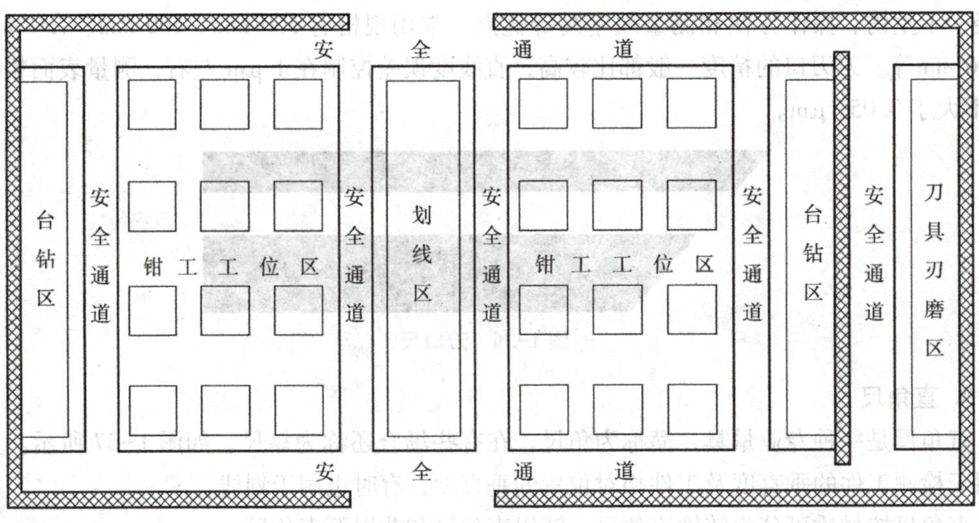

  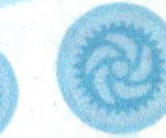

图 1-38　钳工实习场地平面图

图 1-39　钳工实训现场

工作时，钳工工具一般都放置在台虎钳的右侧，量具则摆放在台虎钳的正前方。工、量具在摆放时应注意以下事项：

① 工、量具不得混放。工具均平行摆放，并留有一定间隙。工作时，量具均平放在量具盒上，量具数量较多时，可放在台虎钳的左侧。

② 摆放时，工具的柄部均不得超出钳工台面，以免被碰落，砸伤人员或损坏工具。

任务三　安全文明生产教育

知识目标

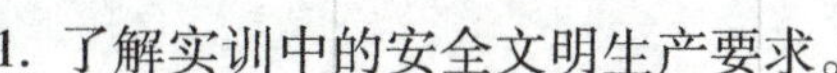

1. 了解实训中的安全文明生产要求。
2. 了解钳工实训安全操作规程。

能力目标

1. 能够严格遵守安全操作规程。
2. 能够严格遵守实训纪律要求。
3. 能够正确选择和使用钳工工具。

相关知识

一、安全文明生产常识

文明生产和安全生产是实训的重要内容，它涉及国家、学校、个人的利益，影响实训的效果，影响设备的利用率和使用寿命，影响学生的人身安全。因此，在实训车间等工作场所设置有醒目的标志，提醒学生正确着装，并做好安全防护工作。只有正确理解各种安全标志，避免各类技术安全事故发生，才能保证实训的正常进行。常见的安全标志见表 1-1。

表 1-1　常见安全标志

禁止烟火 （No burning）	禁止吸烟 （No smoking）	禁止带火种 （No kindling）	禁止用水浇灭 （No extinguishing with water）	禁止放置易燃物 （No laying inflammable thing）
禁止堆放 （No stocking）	禁止启动 （No starting）	禁止合闸 （No switching on）	禁止转动 （No turning）	禁止叉车和厂内机动车辆通行 （No access for fork lift trucks and other industrial vehicles）

续表

禁止乘人 (No riding)	禁止靠近 (No nearing)	禁止入内 (No entering)	禁止推动 (No pushing)	禁止停留 (No stoping)
禁止通行 (No thoroughfare)	禁止跨越 (No striding)	禁止攀登 (No climbing)	禁止跳下 (No jumping down)	禁止伸出窗外 (No stretching out of the window)
禁止依靠 (No leaning)	禁止坐卧 (No sitting)	禁止蹬踏 (No stepping on surface)	禁止触摸 (No touching)	禁止伸入 (No reaching in)
禁止饮用 (No drinking)	禁止抛物 (No tossing)	禁止戴手套 (No putting on gloves)	禁止穿化纤服装 (No putting on chemical fibre clothing)	禁止穿带钉鞋 (No putting on spikes)

续表

注意安全 (Warning danger)	当心腐蚀 (Warning corrosion)	当心触电 (Warning electric shock)	当心电缆 (Warning cable)	当心爆炸 (Warning explosion)
当心吊物 (Warning overhead load)	当心落物 (Warning falling objects)	当心机械伤人 (Warning mechanical injury)	当心自动启动 (Warning automatic start-up)	当心烫伤 (Warning scald)
当心伤手 (Warning injure hand)	当心弧光 (Warning arc)	必须戴防护眼镜 (Must wear protective goggles)	必须戴耳机 (Must wear ear protector)	必须戴安全帽 (Must wear safety helmet)
必须戴防护帽 (Must wear protective cap)	必须穿防护鞋 (Must wear protective shoes)	必须接地 (Must connect an earth terminal to the ground)	必须拔出插头 (Must disconnect mains plug from electrical outlet)	紧急出口 (Emergent exit)

续表

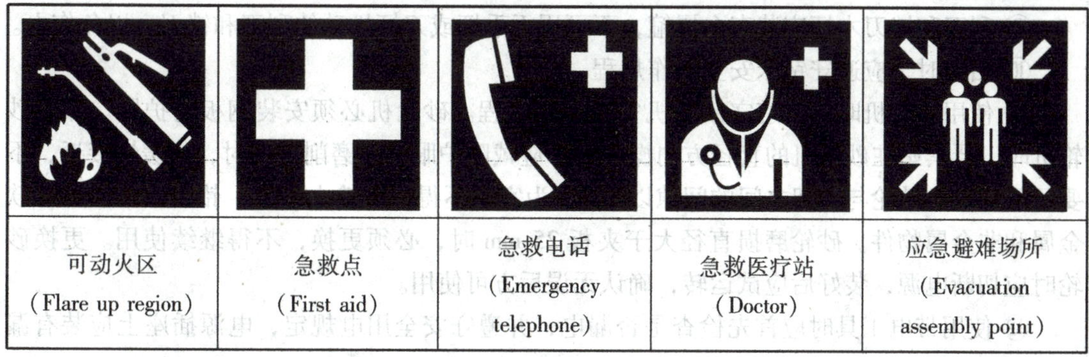

可动火区 (Flare up region)	急救点 (First aid)	急救电话 (Emergency telephone)	急救医疗站 (Doctor)	应急避难场所 (Evacuation assembly point)

二、钳工实训安全操作基本要求

(一)实训前

① 实训(工作)前必须穿好工作服,戴好防护用品;否则不许进入实训车间。

② 工作服:要求不得缺扣,穿戴要“三紧”,即领口紧、袖口紧和衣襟紧。夏季,男生不得穿背心、短裤;女生不得穿裙子。冬季,禁止穿大衣、戴围巾。

③ 鞋:可以穿胶鞋、皮鞋、旅游鞋等,要系好鞋带;禁止穿高跟鞋、拖鞋;穿耐油、防滑和鞋面耐砸的劳动保护鞋。

④ 帽:安全帽的帽衬与帽衣要有空间;头发长的同学(工人)必须戴安全帽,且将长发纳入帽中。

⑤ 眼镜:要擦净。

⑥ 机械加工时,必须有两人以上在场。

⑦ 禁止戴手套操作机床。

⑧ 禁止两人及两人以上同时操作同一台机床。

⑨ 实训期间禁止打电话、玩手机,不允许嬉戏、打闹。

(二)实训中

① 带木把的工具必须装牢,不许使用有松动的工具。不能使用没有装手柄或手柄裂开的工具。

② 使用锤子时,严禁戴手套,手和锤柄均不得有油污,锤柄要牢靠。掌握适当的挥动方向,挥锤方向附近不得有人停留。

③ 使用钳工工具时注意放置地方及方位,以防伤害他人。

④ 使用台虎钳装夹小工件时,手指要离开钳口少许,以免夹伤手指;装夹大工件时,人的站立位置要适当,以防工件落地砸伤脚。

⑤ 锯削使用手锯时,返回方向在一条直线上,以防折断锯条。工件将要断开时,用力要小,动作要慢。

⑥ 锉削时,工件表面要高于钳口面。不能用钳口面作基准面来加工工件,防止损坏锉刀和台虎钳。不许用嘴吹锉屑,禁止用手擦拭锉刀和工件表面,以免锉屑吹入眼中、锉刀打滑等。

⑦ 使用扳手拧紧或松开时,不可用力过猛,应逐渐施力,以免扳手打滑伤人或擦伤手部。

⑧ 不可用铲刀、錾子去铲淬过火的材料。

⑨ 刮刀和锉刀木柄应装有金属箍，不可用无手柄或刀柄松动的刮刀和锉刀，以免伤人。

⑩ 钻孔时，应遵守钻床安全操作规程。

⑪ 使用砂轮机时，应遵守砂轮机安全操作规程。砂轮机必须安装钢板防护罩。操作砂轮机时，严禁站在砂轮机的直径方向操作，并应戴防护眼镜。磨削工件时，应缓慢接近，不要猛烈碰撞，砂轮与磨架之间的间隙以 3 mm 为宜。不得在砂轮上磨铜、铅、铝、木材等软金属和非金属物件。砂轮磨损直径大于夹板 25 mm 时，必须更换，不得继续使用。更换砂轮时应切断电源，装好后应试运转，确认无误后方可使用。

⑫ 使用带电工具时应首先检查是否漏电，并遵守安全用电规定，电源插座上应装有漏电保护器。

⑬ 多人操作时，必须一人指挥，相互配合，协调一致。

⑭ 量具应在固定地点使用和摆放，加工完毕后，应把量具擦拭干净并装入盒内。

（三）实训后

① 清理切屑，打扫实训现场卫生，把刀具、工具、材料等物品整理好。

② 按机床润滑图逐点进行润滑，经常观察油标、油位，采用规定的润滑油和润滑脂。适时调整轴承和导轨间隙。

③ 必须做好防火、防盗工作，检查门窗、相关设备和照明电源是否关好。

思考与练习

1. 钳工常见的分类有哪些？
2. 钳工的加工特点有哪些？
3. 钳工的加工范围包括什么？
4. 工作时，钳工工、量具的放置应注意哪些问题？
5. 钳工主要有哪些工具？它们有哪些作用？
6. 钳工主要有哪些量具？它们如何使用？
7. 在钳工场地工作时，必须遵守哪些安全事项？
8. 简述游标卡尺的读数方法，并正确读出表 1-2 中游标卡尺的示数。

表 1-2　游标卡尺读数练习

14mm + 0.35mm = 14.35mm	60mm + 0.05mm = 60.05mm
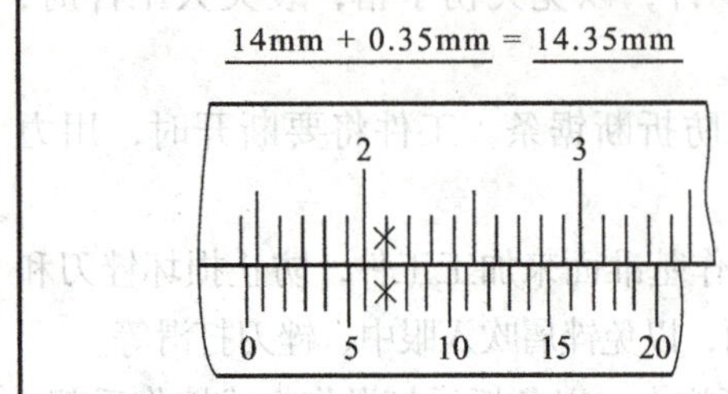	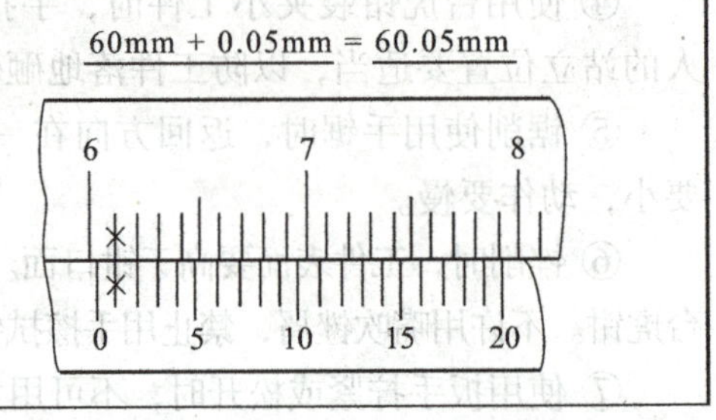

续表

22mm + 0.50mm = 22.50mm	4mm + 0.14mm = 4.14mm
27mm + 0.94mm = 27.94mm	21mm + 0.50mm = 21.50mm
26mm + 0.84mm = 26.84mm	21mm + 0.40mm = 21.40mm
11mm + 0.24mm = 11.24mm	32.5mm + 0.15mm = 32.65mm
33mm + 0.15mm = 33.15mm 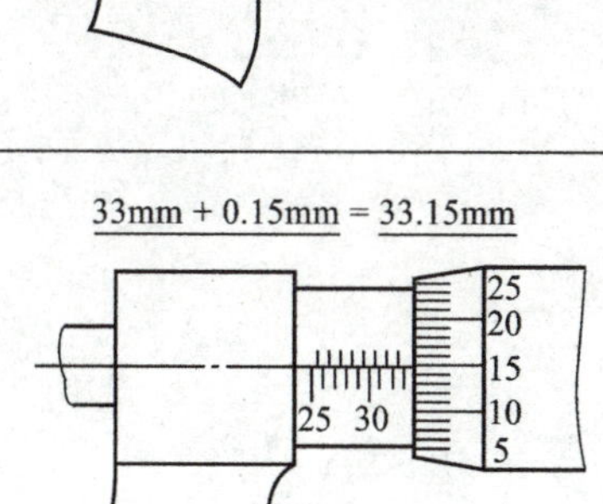	12.5mm + 0.24mm = 12.74mm 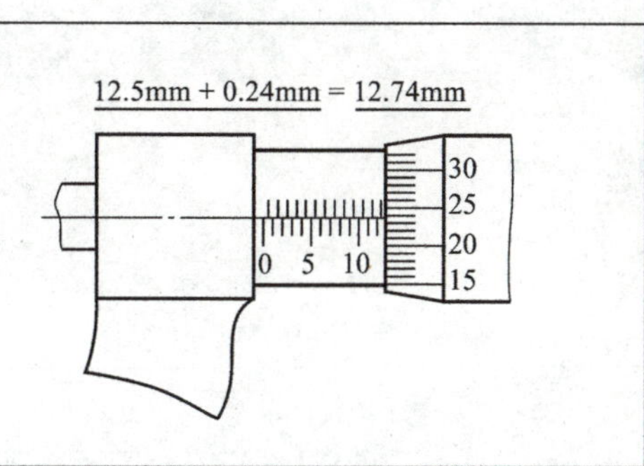

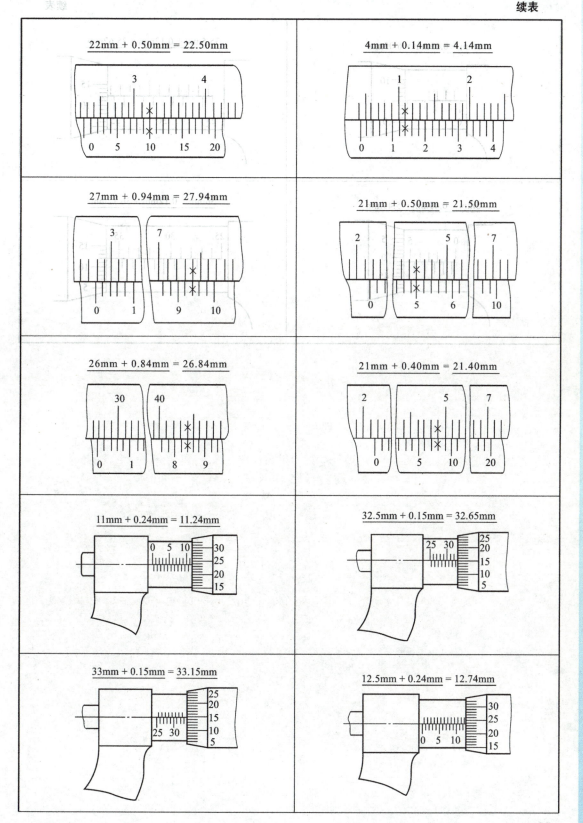

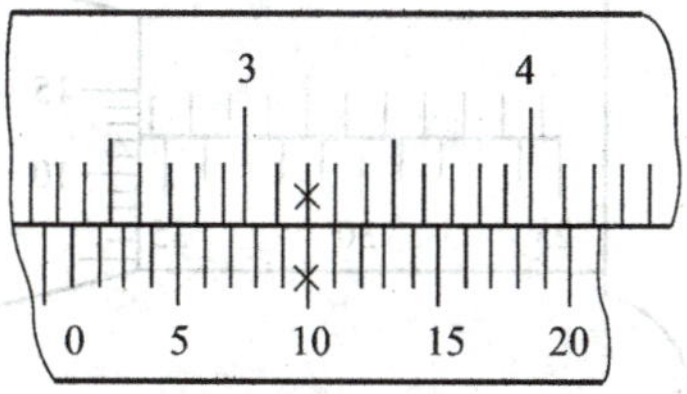

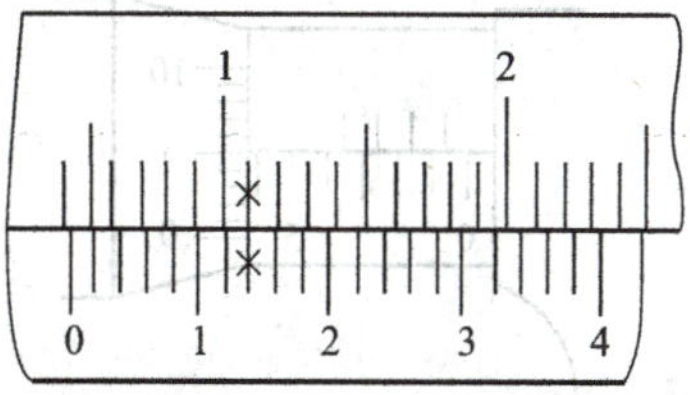

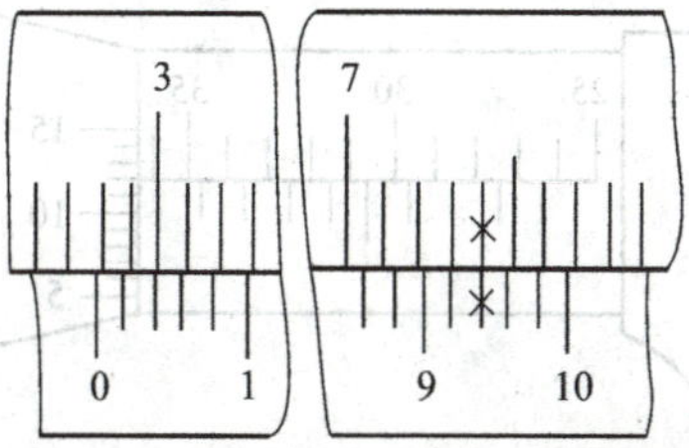

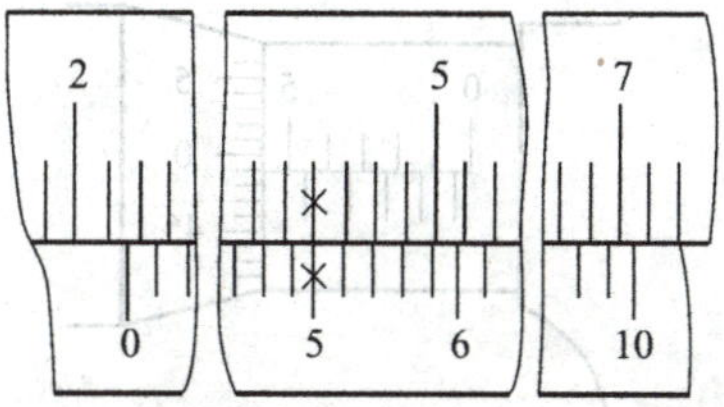

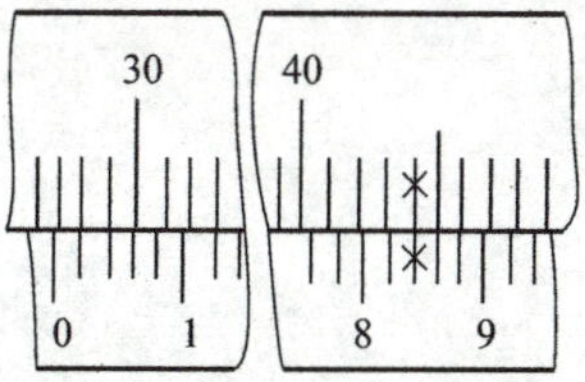

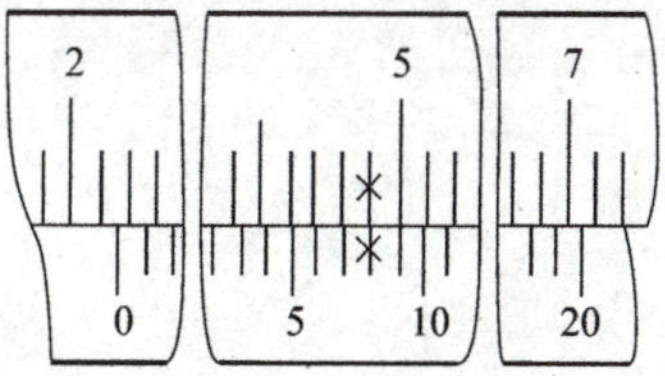

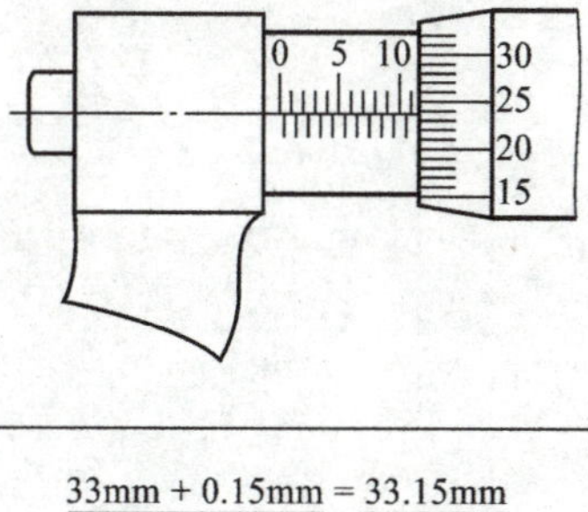

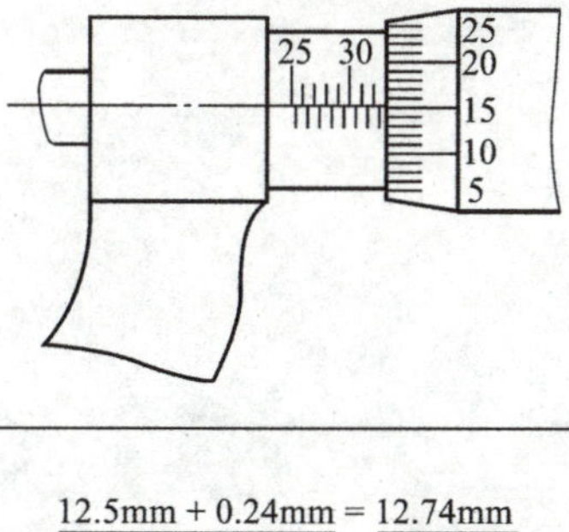

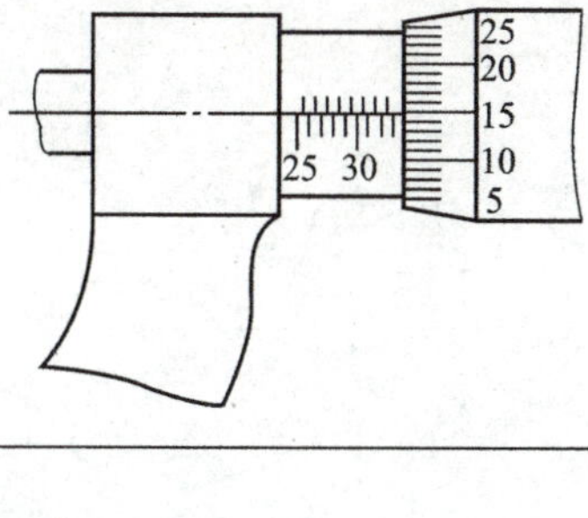

续表

6mm + 0.05mm = 6.05mm 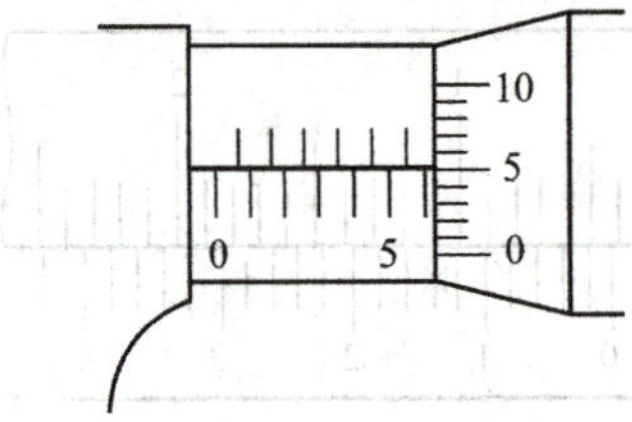	35.5mm + 0.12mm = 35.62mm 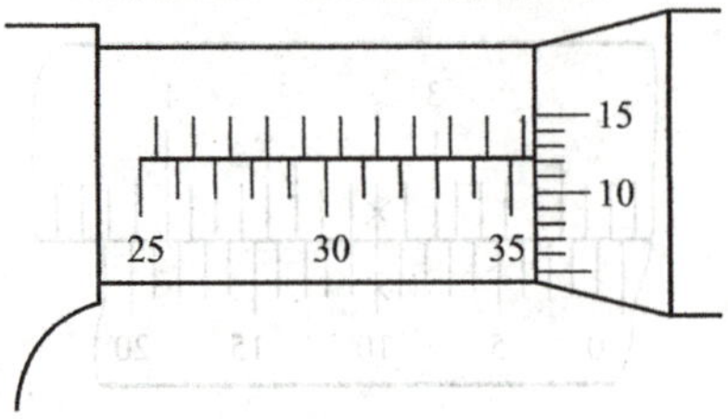
5mm + 0.49mm = 5.49mm 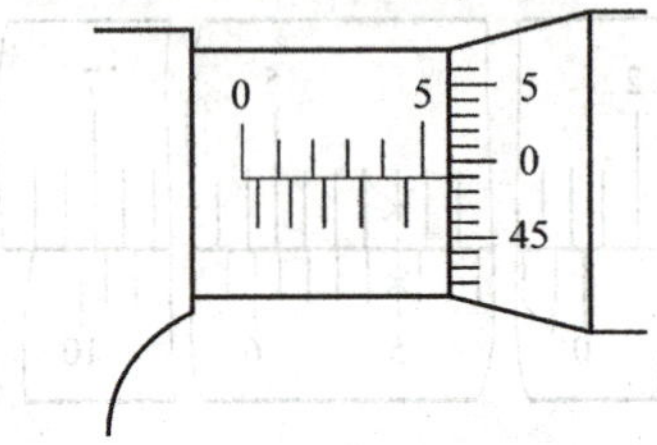	36mm + 0.12mm = 36.12mm 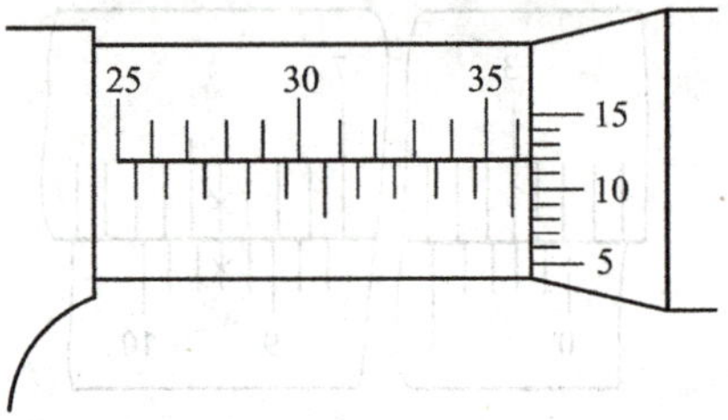

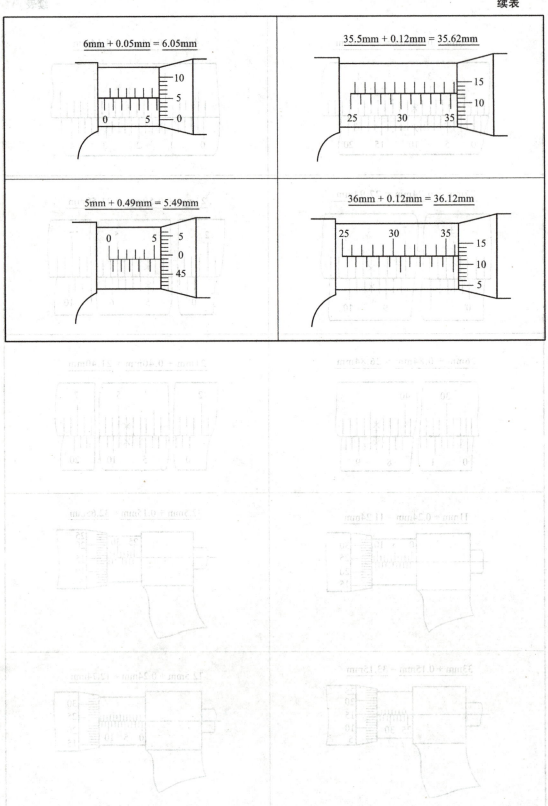

项目二
钳工理论知识学习

任务一 划 线

知识目标

1. 掌握划线的分类、作用及精度。
2. 掌握划线工具的使用方法。
3. 掌握平面划线、立体划线的方法。

能力目标

能正确使用划线工具，并掌握一般的划线方法。

相关知识

一、划线的概念

根据图样或实物的尺寸，在毛坯或已加工表面上，利用划线工具划出加工轮廓线（或加工界限）或作为基准的点、线的操作叫划线。在单件及中小批量生产中的铸、锻件毛坯

和形状较复杂的零件，在切削加工前通常都需要划线。

1. 划线的作用

① 确定工件上各加工面的加工位置，合理分配加工余量。

② 可全面检查毛坯的形状和尺寸是否满足加工要求。

③ 在坯料上出现某些缺陷的情况下，往往可通过划线时“借料”方法，起到一定的补救作用。

④ 在板料上划线下料，可使板料得到充分的利用。

⑤ 便于复杂工件在机床上安装，可以按划线找正定位。

2. 划线的种类与要求

划线分平面划线和立体划线两种。平面划线是只需要在工件的一个表面上划线，即能明确表示出工件的加工界限的划线方法。立体划线是平面划线的复合，是在工件或毛坯的几个表面上划线，即在工件的长、宽、高三个方向划线。立体划线在很多情况下是对铸、锻毛坯划线。

划线要求尺寸准确、位置正确、线条清晰、冲眼均匀。划线是加工的依据，所划出的线条要求尺寸准确，线条清晰。划线除要求划出的线条清晰均匀外，最重要的是保证尺寸准确。在立体划线中还应注意使长、宽、高三个方向的线条互相垂直。当划线发生错误或准确度太低时，都有可能造成工件报废。但因为划出的线条总有一定的宽度，以及在使用划线工具和测量调整尺寸时难免产生误差，所以不可能绝对准确。一般的划线精度能达到 0. 25～0. 5 mm。因此，通常不能依靠划线直接确定加工时的最后尺寸，而必须在加工过程中，通过测量来保证尺寸的准确度。

二、划线工具与使用

在划线工作中，为了保证划线尺寸的准确性，提高工作效率，应当熟用各种工具和量具，并能正确使用这些工具和量具。常用的划线工具按用途不同分为基准工具、支承装夹工具和直接绘划工具。

（一）基准工具

划线平台又称平板，是用来安放工件和划线工具，并在其工作表面上完成划线过程的基准工具，如图 2-1 所示。划线平板由铸铁或花岗岩制成，基个平面是划线的基准平面，要求非常平直和光洁。使用时要注意：

① 安放时要平稳牢固，上平面应保持水平。

② 平板不准碰撞和用锤敲击，以免使其精度降低。

③ 长期不用时，应涂油防锈，并加盖保护罩。

（二）夹持工具

1. 方箱

方箱是铸铁制成的空心立方体，如图 2-2 所示。方箱通常带有 V 形槽并附有夹持装置，用于夹持、支承尺寸较小而加工面较多的工件。通过翻转方箱，一次安装后能完成在几个表面上的划线工作。

图 2-1 划线平台

图 2-2 方箱

2. 千斤顶

千斤顶是划线或检测工件时的支撑工具，如图 2-3 所示。一般用来支撑形状不规则、带有伸出部分或较重的工件，以便工件进行校验、找正和划线，通常三个为一组使用。

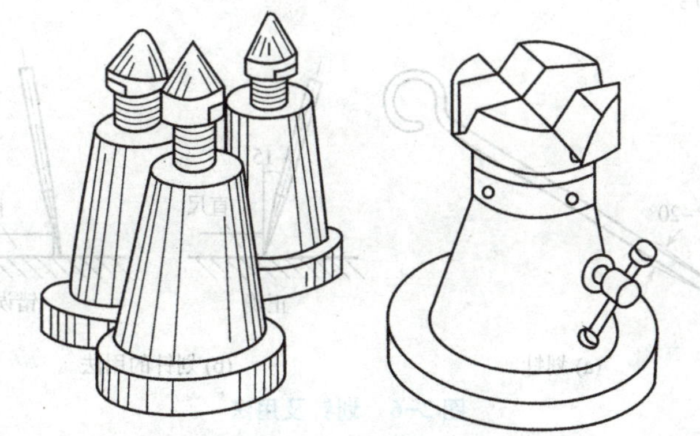

图 2-3 千斤顶

3. V 形铁

V 形铁用于支承轴、套筒、圆盘等圆柱形工件，以确定中心并划出中心线，如图 2-4 所示。

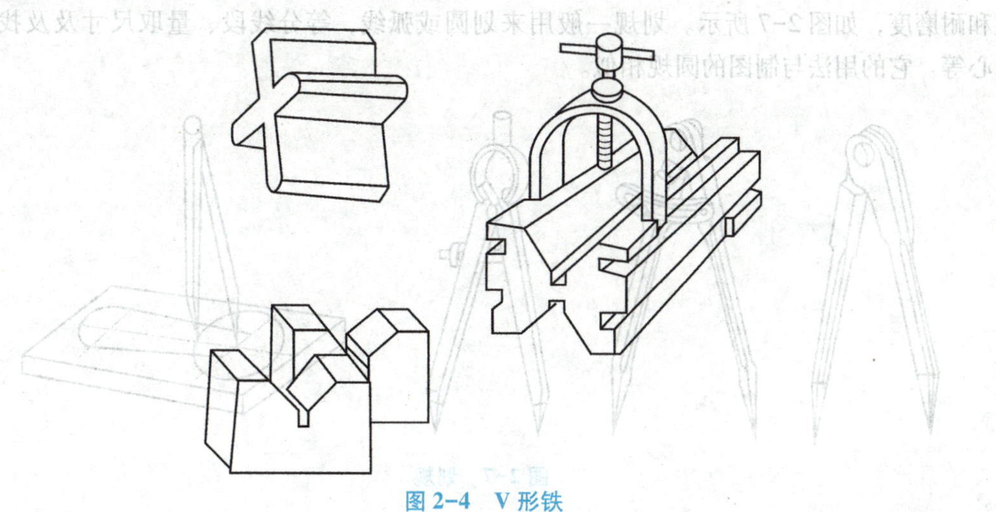

图 2-4 V 形铁

4. 分度头

分度头是铣床上用来等分圆周的附件，如图2-5所示。钳工在对较小的轴类、圆盘类零件作等分圆周或划角度线时，使用分度头十分方便准确。划线时，把分度头置于划线平台上，将工件用分度头的三抓卡盘夹持住，利用分度机构并配合划针盘或高度尺，即可划出水平线、垂直线、倾斜线、等分线及不等分线等。

图 2-5 分度头

（三）直接绘划工具

1. 划针

划针是用来在工件表面上划线用的工具，如图 2-6 所示。划针一般用 $\phi3 \sim \phi4$ 的弹簧钢丝或高速钢制成，尖端磨成 15°～20°的尖角，经淬火处理，常与钢直尺、角尺或划线样板等导向工具一起使用。

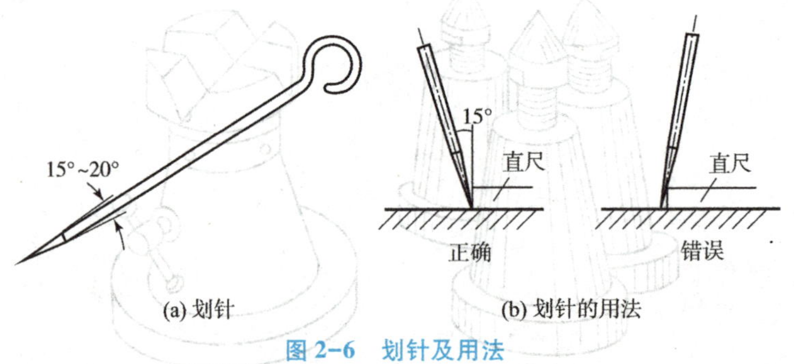

图 2-6 划针及用法

划线时针尖要靠近导向工具的边缘，上部向外倾斜 15°～20°，向划线方向倾斜 45°～75°并一次划出，不可以重复。为使划出的线条清晰准确，针尖要保持尖锐锋利，用钝后可用油石修磨。

2. 划规

划规是圆规式划线工具，用中碳钢或工具钢制成，两脚尖端经淬火后磨钝，以提高其硬度和耐磨度，如图 2-7 所示。划规一般用来划圆或弧线，等分线段、量取尺寸及及找工件圆心等。它的用法与制图的圆规相似。

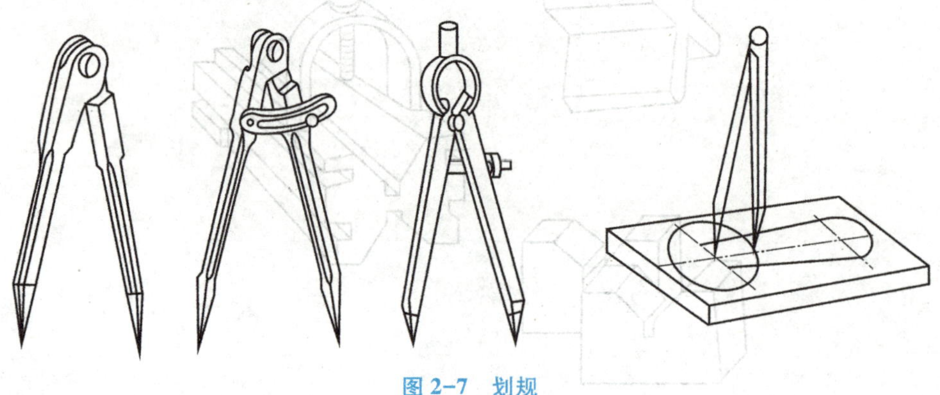

图 2-7 划规

3. 划针盘

划针盘是带有划针的可调划线工具，主要用于立体划线和校正工件的位置。如图 2-8 所示，划针盘由底座、立杆、划针和锁紧装置等组成。划针的两端常分为直头端和弯头端：直头端用来划线；弯头端用来找正工件的位置。

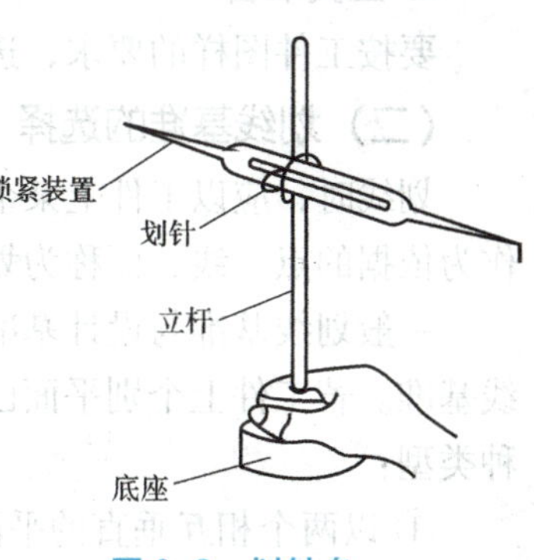

图 2-8 划针盘

4. 样冲

样冲是在工件上打样冲眼的工具，如图 2-9 所示。常在工件划线后，用手锤敲击样冲来打样冲眼，以防止工件上划好的线在搬运、加工过程中被磨掉；也用于划圆弧或钻孔时中心的定位。

图 2-9 样冲

三、划线量具

在划线中使用的量具主要有钢直尺、直角尺、万能角度尺和高度游标卡尺等。

高度游标卡尺是一种精密的量具及划线工具，如图 2-10 所示。其工作原理与游标卡尺相同，可以用来测量高度尺寸。在游标卡尺上装有硬质合金划线头，能直接在工件表面上划线。

四、划线前的准备与划线基准

划线前，首先要看懂图样和工艺要求，明确划线任务，检验毛坯和工件是否合格，然后对划线部位进行清理、涂色，确定划线基准，选择划线工具进行划线。

（一）划线前的准备工作

1. 工件准备

工件准备包括对工件或毛坯进行清理、表面涂色及在工件孔中装中心塞块等。

划线前，一般在工件表面划线部位涂一层薄而均匀的涂料，其目的是使工件表面划出的线条清晰。常用的涂料有以下三种：

① 石灰水。将石灰粉加乳胶用水调成稀糊状，一般用于表面粗糙的铸、锻件毛坯的划线。

② 酒精色溶液。在酒精中加 3% ~5% 的漆片和 2% ~4% 的蓝基绿或青莲等颜料混合而成，用于精加工表面的划线。

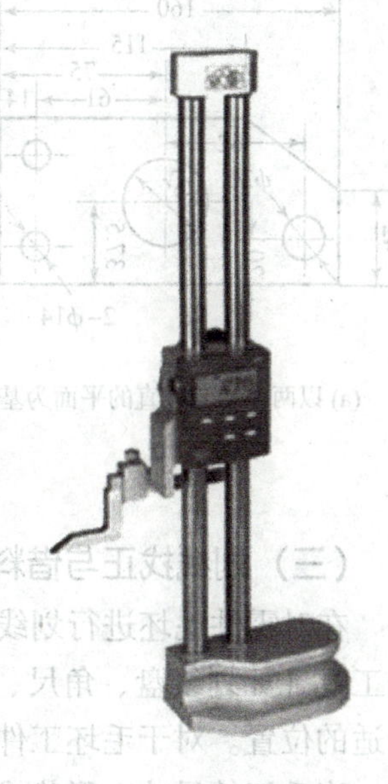
图 2-10 高度游标卡尺

③ 硫酸铜溶液。在每杯水中加入两三匙硫酸铜，再加入微量硫酸即成。多用于已加工表面的划线。

2. 工具准备

要按工件图样的要求，选择所需，并对工具和量具进行检查和校验。

（二）划线基准的选择

划线时，应以工件上某个点、线、面作为依据来划出其余的尺寸及形状和位置线，这些作为依据的点、线、面称为划线基准。

一般划线基准与设计基准应一致。常选用重要孔的中心线或零件上尺寸标注基准线为划线基准。若工件上个别平面已加工过，则以加工过的平面为划线基准。常见的划线基准有三种类型：

① 以两个相互垂直的平面（或线）为基准，如图 2-11（a）所示。这类基准适应于具有两个相互垂直的两个方向尺寸的零件，且每个方向的尺寸都是依据外平面来确定的。这两个相互垂直的平面即可作为划线基准。

② 以一个平面与对称平面（和线）为基准，如图 2-11（b）所示。这类基准适应于高度方向的尺寸以底平面为基准、宽度方向的尺寸与中心面相对称的工件。此时即可将底面和中心面作为划线基准。

③ 以两个相互垂直的中心平面（或线）为基准，如图 2-11（c）所示。当工件上的尺寸以两个相互垂直或成一定角度的中心面进行标注时，则将其作为划线基准。

划线时，工件每个方向都必须选择一个基准。平面划线时一般选择两个基准，立体划线时须选择三个基准。

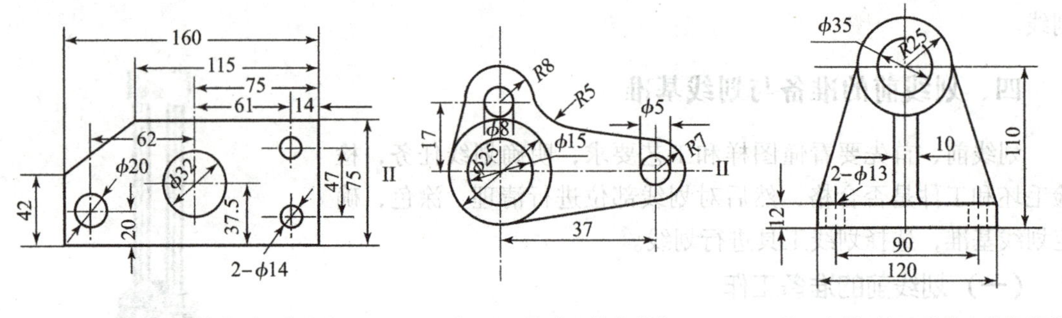

(a) 以两个相互垂直的平面为基准　(b) 以两条中心线为基准　(c) 以一个平面和一条中心线为基准

图 2-11　划线基准的选择

（三）划线找正与借料

在对零件毛坯进行划线之前，一般都要先进行安放和找正工作。所谓找正，就是利用划线工具（如划线盘、角尺、单脚规等）通过调节支承工具，使工件上有关的毛坯表面处于合适的位置。对于毛坯工件，划线前一般都要先做好找正工作。

当毛坯的尺寸、形状或位置误差和缺陷难以用找正划线的方法来补救时，就需要利用借料的方法来解决。借料就是通过试划和调整，使各待加工表面的余量互相借用，合理分配，从而保证各待加工表面都有足够的加工余量，使误差和缺陷在加工后便可排除。

五、划线方法与步骤

（一）基本线条的划法

基本线条的划法包括：划平行线、垂直线、角度线、圆弧线和等分圆周等。其中划平行线、垂直线、角度线、圆弧线的方法与机械制图画法相同，生产中等分圆的划法主要靠分度头来解决，当没有分度头时可用计算的方法解决。

（二）平面划线

只需在工件的表面上划线即能明确表示加工界限，这种划线方法称为平面划线。平面划线是划线工作中最基本的内容。平面划线包括图法划线、配划线和仿划线等。

1. 作图法划线

作图法划线就是根据图纸要求，将图样 1∶1 地按机械制图的规范划在工件表面上。划线步骤如下：

① 仔细阅读图纸，明确工件上所需划线的部位，研究清楚划线部位的作用、要求和有关加工工艺。

② 选择好划线基准。

③ 检查毛坯外部轮廓误差情况，确定是否需要借料。

④ 正确安放工件并找正。

⑤ 划线。

⑥ 详细检查划线的准确性及是否有漏划线。

⑦ 在线条上打样冲眼。

2. 配划线

在单件、小批生产和装配中，常采用配划线的方法。如电动机底座、法兰盘、箱盖观察板等工件上的螺钉孔，加工前就可以用配划线的方法进行划线。

3. 样板划线

对形状复杂、加工面多且批量较大的工件划线时，宜采用样板划线法。划线时，根据图纸要求用 0.5～2 mm 厚的钢板做出样板，以此为基准进行划线。划线样板的厚度根据工件批量的大小而定。批量小时，可用 0.5～1 mm 厚的铜皮或铁皮；批量大时，则采用 1～2 mm 厚的钢板。

（三）立体划线

立体划线就是同时在工件毛坯的长、宽、高三个方向进行划线。在进行立体划线时，除要用到平面划线的知识外，还要特别注意对图纸提出的技术要求和对工件加工工艺的理解，明确各种基准的位置及安放、找正的方法。

图 2-12 所示为轴承座的立体划线操作方法，它属于毛坯划线。划线及具体步骤如图 2-12（a）～（f）所示。

对于比较复杂的工件，为了保证加工质量，往往需要分几次划线才能完成全部划线工作。对毛坯进行的第一次划线称为首次划线，经过车、铣、刨等切削加工后，再进行的划线则依次称为第二次划线、第三次划线等。在每一次划线中，根据安放工件的先后顺序，又分

为第一划线位置、第二划线位置、第三划线位置等。图 2-12（c）所示为首次划线的第一划线位置；图 2-12（d）所示为首次划线的第二划线位置；图 2-12（e）所示为首次划线的第三划线位置。

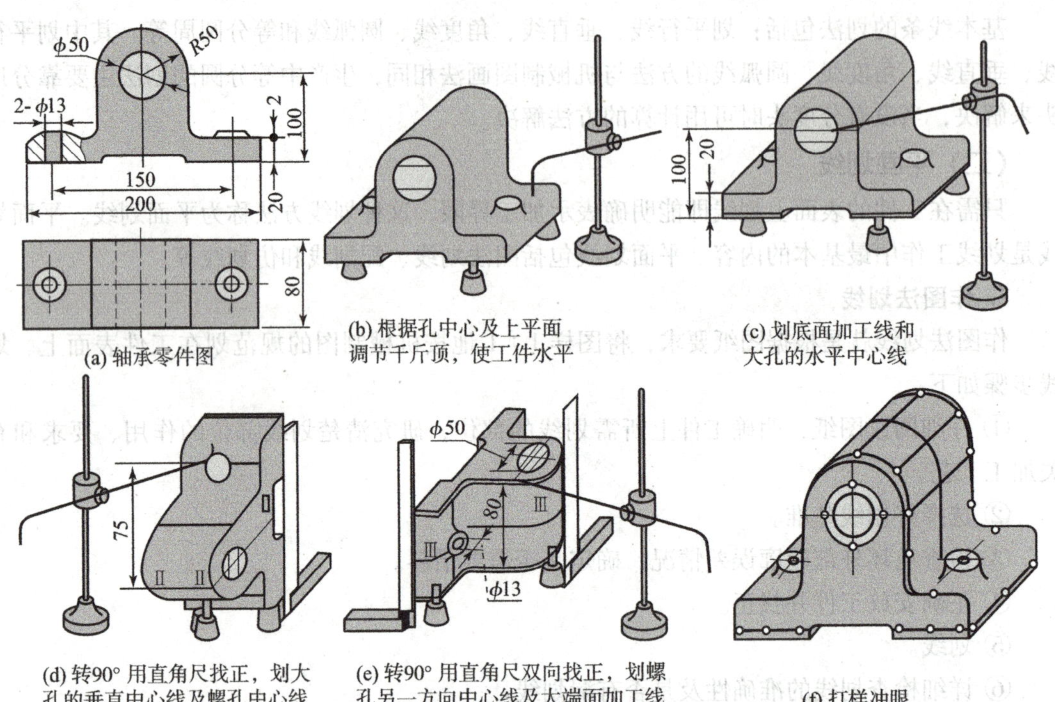

(a) 轴承零件图

(b) 根据孔中心及上平面调节千斤顶，使工件水平

(c) 划底面加工线和大孔的水平中心线

(d) 转90° 用直角尺找正，划大孔的垂直中心线及螺孔中心线

(e) 转90° 用直角尺双向找正，划螺孔另一方向中心线及大端面加工线

(f) 打样冲眼

图 2-12　轴承座立体划线的操作方法

六、划线注意事项

1. 划线平台使用注意事项

① 安装时，应使工作表面保持水平位置，以免日久变形。

② 要经常保持工作面清洁，防止铁屑、沙粒等划伤平台表面。

③ 平台工作面要均匀使用，以免局部磨损。

④ 平台在使用时严禁撞击和用锤敲。

⑤ 划线结束后要把平台表面擦净，上油防锈。

划线方法

2. 划针使用注意事项

① 划线时，针尖要紧靠导向工具的边缘，上部向外侧倾斜 15°～20°角的同时，向划线移动方向倾斜 45°～75°角。

② 针尖要保持尖锐，划线要尽量一次完成。

③ 不用时，应按规定妥善放置，以免扎伤自己或造成针尖损坏。

3. 划线盘使用注意事项

① 划线时，划针应尽量处在水平位置，伸出部分应尽量短些。

② 划线盘移动时，底面始终要与划线平台平面贴紧。

③ 划针沿划线方向与工件划线表面之间保持夹角 45°～75°。

④ 划线盘用毕，应使划针处于直立状态。

4. 划规使用注意事项

① 划规脚应保持尖锐，以保证划出的线条清晰。

② 用划规划圆时，作为旋转中心的一脚应加较大的压力，另一脚以较轻的压力在工件表面上划出圆或圆弧。

5. 样冲使用注意事项

① 冲点时，先将样冲外倾使其尖端对准线的正中，然后再将样冲立直冲点。

② 冲眼应打在线宽之间，且间距要均匀；在曲线上冲点时，两点间的距离要小些，在直线上的冲点距离可大些，但短直线至少有三个冲点，在线条交叉、转折处必须冲点。

③ 冲眼的深浅应适当。薄工件或光滑表面冲眼要浅，孔的中心或粗糙表面冲眼要深些。

6. 高度游标卡尺使用注意事项

① 一般限于半成品的划线，若在毛坯上划线，易损坏其硬质合金的划线脚。

② 使用时，应使量爪垂直于工件表面并一次划出，而不能用量爪的两测尖划线。

任务二 锯 削

知识目标

1. 掌握锯削用工具、锯条的分类、几何角度。
2. 掌握手锯的结构、规格。

能力目标

1. 掌握锯削姿势和方法。
2. 掌握各种形状材料的锯削技巧，并达到一定的锯削精度。
3. 能够根据不同的材料正确选用锯条，并能安装。

相关知识

一、锯削工具

用锯对原材料或工件进行切断或切槽等的加工方法叫锯削。钳工的锯削是只利用手锯对较小的材料和工件进行分割或切槽。锯削的作用如图 2-13 所示。

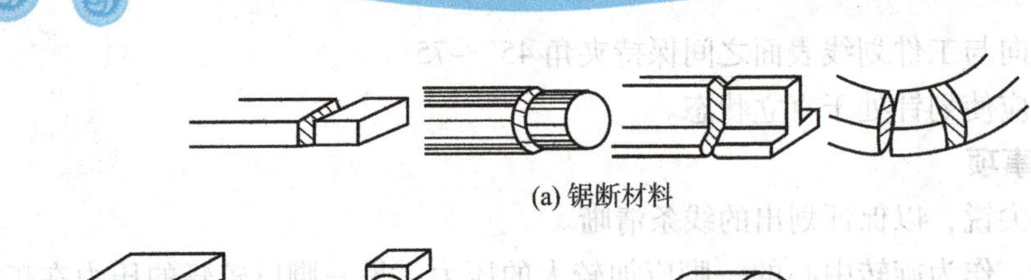

(a) 锯断材料

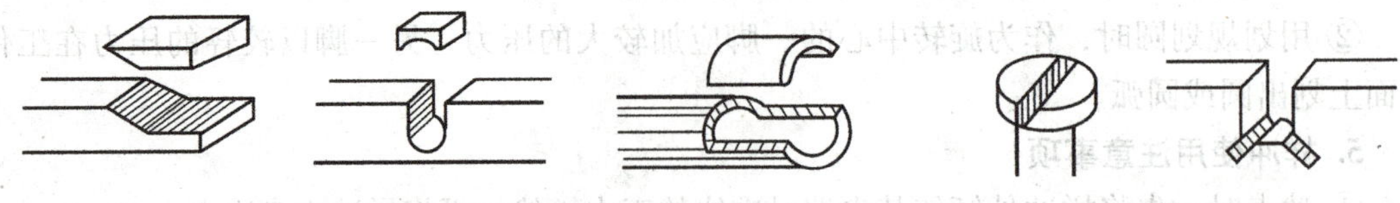

(b) 锯掉工件上的多余部分　　(c) 在工件上锯槽

图 2-13　锯削的作用

手锯是钳工用来进行锯削的工具。手锯由锯弓和锯条两部分组成。

1. 锯弓

锯弓是用来夹持和拉紧锯条的工具，分为固定式和可调整式两种，如图 2-14 所示。

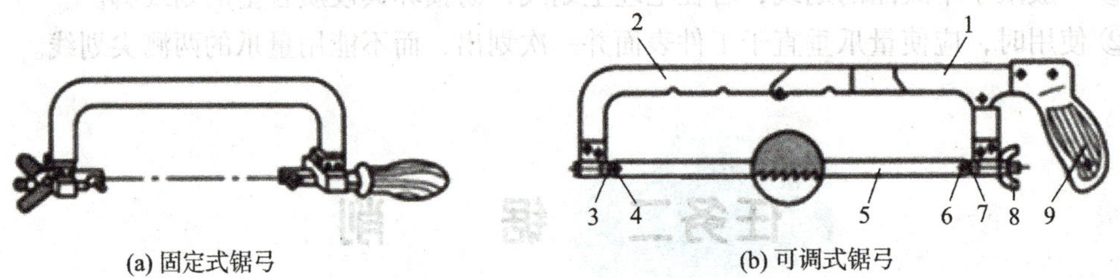

(a) 固定式锯弓　　(b) 可调式锯弓

图 2-14　锯弓

1—可调部分；2—固定部分；3—固定夹头；4，6—销子；5—锯条；7—活动夹头；8—蝶形螺母；9—手柄

固定式锯弓只能安装一种长度的锯条，如图 2-14（a）所示。

可调式锯弓的弓架由两段组成，可以安装不同规格的锯条。可调式锯弓较为常用，如图 2-14（b）所示。

2. 锯条

锯条是有齿刃的钢条片，是锯削的主要工具，如图 2-15 所示。锯条一般用渗碳钢冷轧而成，也有用碳素工具钢或合金工具钢经热处理淬硬制成。锯条的长度是以两端安装孔的中心距来表示的，常用的锯条约长 300 mm，宽 12 mm，厚 0.8 mm。锯条锯齿的形状如图 2-16 所示。

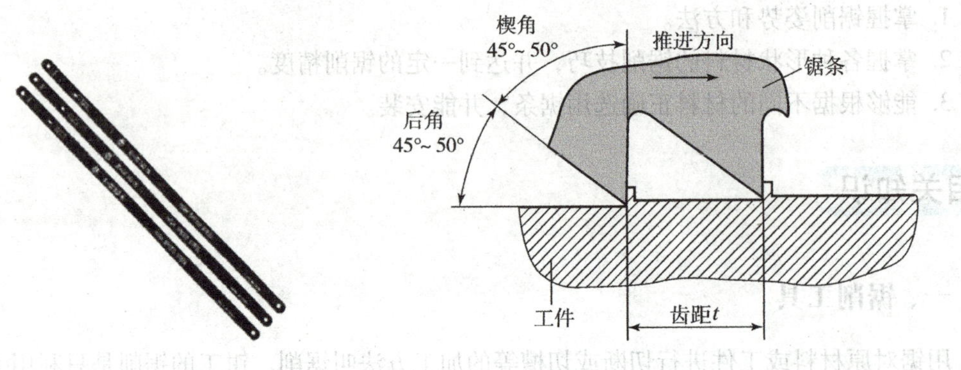

图 2-15　锯条　　图 2-16　锯齿形状

锯条锯齿的粗细是以锯条每 25 mm 长度内的齿数来表示的，一般分粗、中、细三种，其具体规格和用途见表 2-1。粗齿锯条适用于锯切软材料或较大的切面，细齿锯条适用于锯切硬材料或切面较小的工件，这样可以提高切削效率。

表 2-1 锯齿的粗细规格及应用

锯齿粗细	每 25 mm 长度内齿数	应　用
粗	14～18（齿距 1.8 mm）	锯割软钢、黄铜、铝、铸铁、紫铜、人造胶质材料
中	22～24（齿距 1.4 mm）	锯割中等硬度钢、厚壁的钢管、铜管
细	24～32（齿距 1.0 mm）	锯割薄片金属、薄壁管子

3. 锯路

锯齿按一定的规律左右错开，排列成一定的形状，称为锯路。锯路有波浪形和交叉形等，如图 2-17 所示。

锯条多为波浪形锯路。锯路可以使工作锯缝宽度大于锯条背部的厚度。这样，在锯削时减少了锯条与锯缝的摩擦阻力，使锯削省力，防止了锯条被夹住和锯条过热，减少锯条磨损或折断。

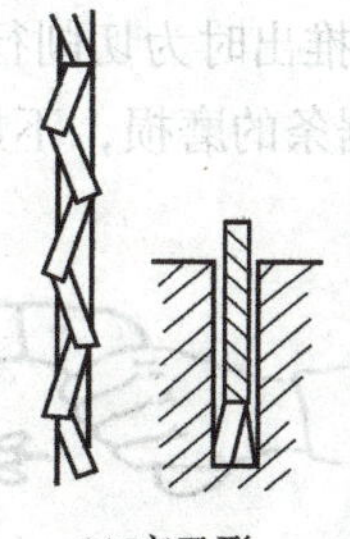
(a) 交叉形

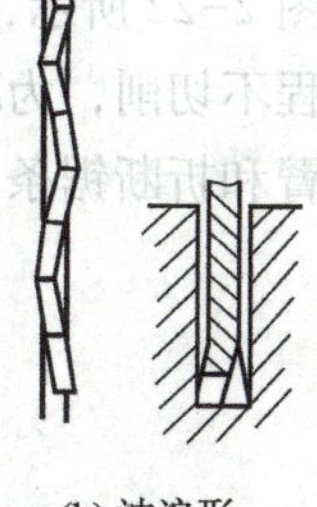
(b) 波浪形

图 2-17 锯路

二、锯削方法

1. 锯条的安装

手锯只有向前推进时才有锯切作用，因此安装锯条时，应使锯条的锯齿方向向前，锯齿朝下，如图 2-18 所示。锯条的松紧程度应调整适当，位置正确。其松紧程度以用手扳动锯条，感觉硬实并有一点弹性即可。锯条安装调节后，还要检查锯条平面与锯弓中心平面是否平行，不得倾斜或扭曲，否则锯削时锯缝极易歪斜。

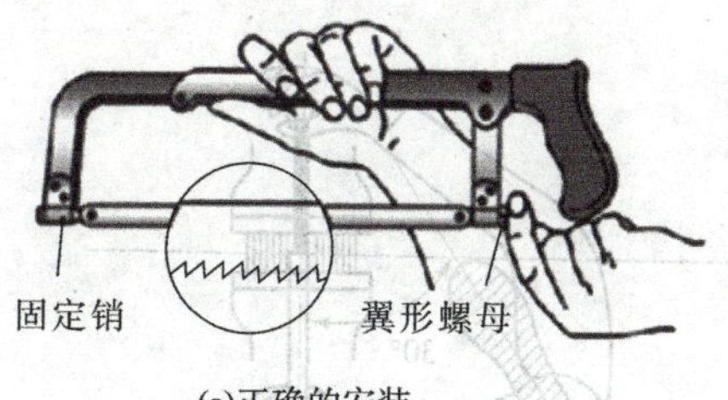

(a)正确的安装

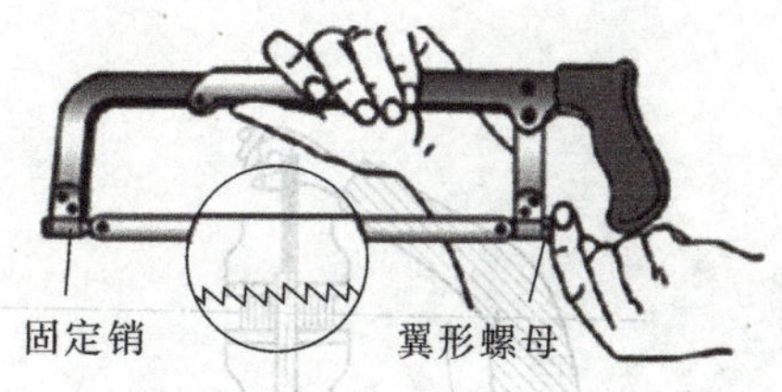

(b)错误的安装

图 2-18 锯条的安装

2. 工件的划线及夹持

进行锯削时，一定要先划线，再按划线进行锯削。为提高锯削精度，应贴着所划线条进行锯削而不应将所划线条锯掉。

为便于锯切，工件应尽可能安装在台虎钳的左面；工件锯切线应与钳口垂直，以防锯斜；工件伸出长度应尽量短（20 mm 左右），避免锯切线离钳口过远而产生振动，影响锯切；工件装夹要牢固，以免锯切时工件松动而使锯条折断。工件装夹时也要防止将工件的已

加工面夹坏或将工件夹持变形，如图 2-19 所示。

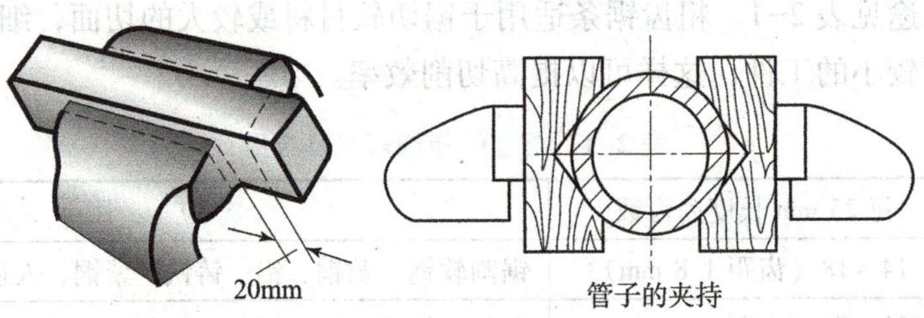

图 2-19　工件的夹持

3. 锯削方法

手锯的握法为右手满握锯柄，左手轻扶在锯弓前端，如图 2-20 所示。锯切时，以右手握柄，左手扶正锯弓，稍微加点下压力；右手向前推锯时，握紧锯弓，当锯弓回行时，则松开四指，避免右手过早疲劳。锯削时操作者的站立位置如图 2-21 所示，身体略向下倾斜，以便于向前推压用力。锯削运动时，推力和压力由右手控制，左手主要配合右手扶正锯弓。如图 2-22 所示，手锯推出时为切削行程，应施加压力，压力不要过大，用力要均匀；返回行程不切削，为减少锯条的磨损，不加压力自然拉回。工件将要锯断时压力要小，以免碰伤手臂和折断锯条。

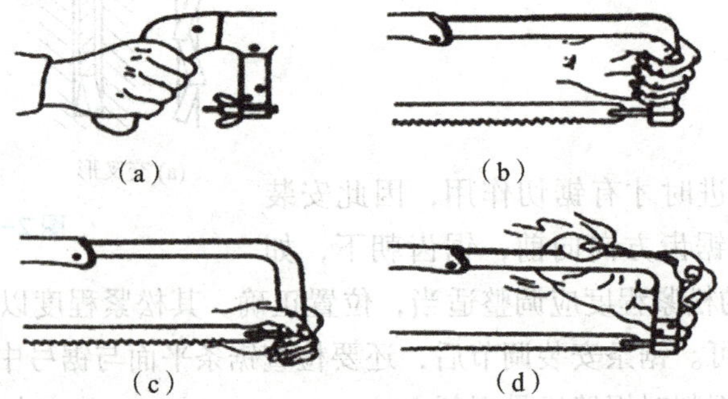

图 2-20　手锯的握法

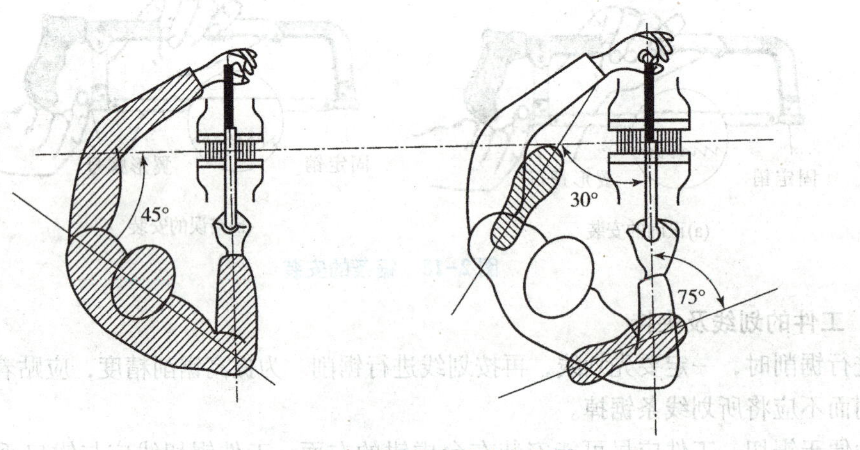

图 2-21　锯削时操作者的站立位置

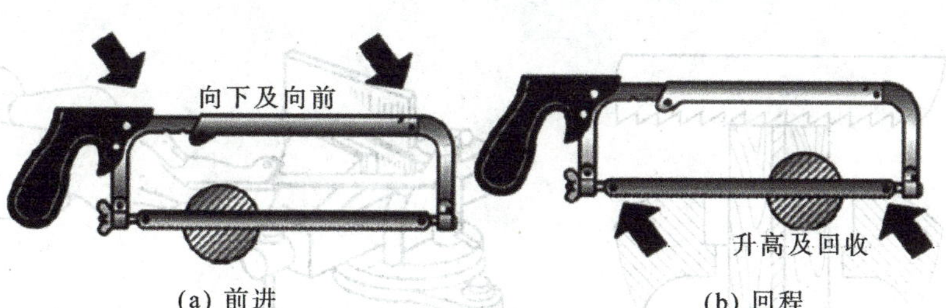

(a) 前进　　(b) 回程

图 2-22　锯削时的压力

手锯的运动方式有两种。一种是直线往复操作：推锯时身体与手锯同时向前运动；回锯时身体靠锯割时的反作用力回移，两手臂控制锯条做平直运动。直线往复操作适用于锯薄形材料和直槽。对锯缝断面要求平直的锯割，应采用此运动形式。另一种是摆动式操作：手锯推进时，身体略向前倾，双手随着压向手锯的同时，右手下压，左手上翘；回程时右手上抬，左手自然跟回。这种运动形式，动作自然，不易疲劳，锯割时采用较多。

锯削开始时的起锯方法有近边起锯和远边起锯两种，如图 2-23 所示。通常情况下采用远边起锯。因为这种方法锯齿不易被卡住，起锯时，左手拇指靠住锯条，使锯条能正确地锯在所需要的位置上，锯削行程要短，压力要小，速度要慢。无论用远边起锯还是近边起锯，起锯的角度都应在 15°左右。如果起锯角太大，则切削阻力大，尤其是近起锯时锯齿会被工件棱边卡住造成崩裂。起锯角太小，则不易切入材料，容易跑锯而划伤工件。

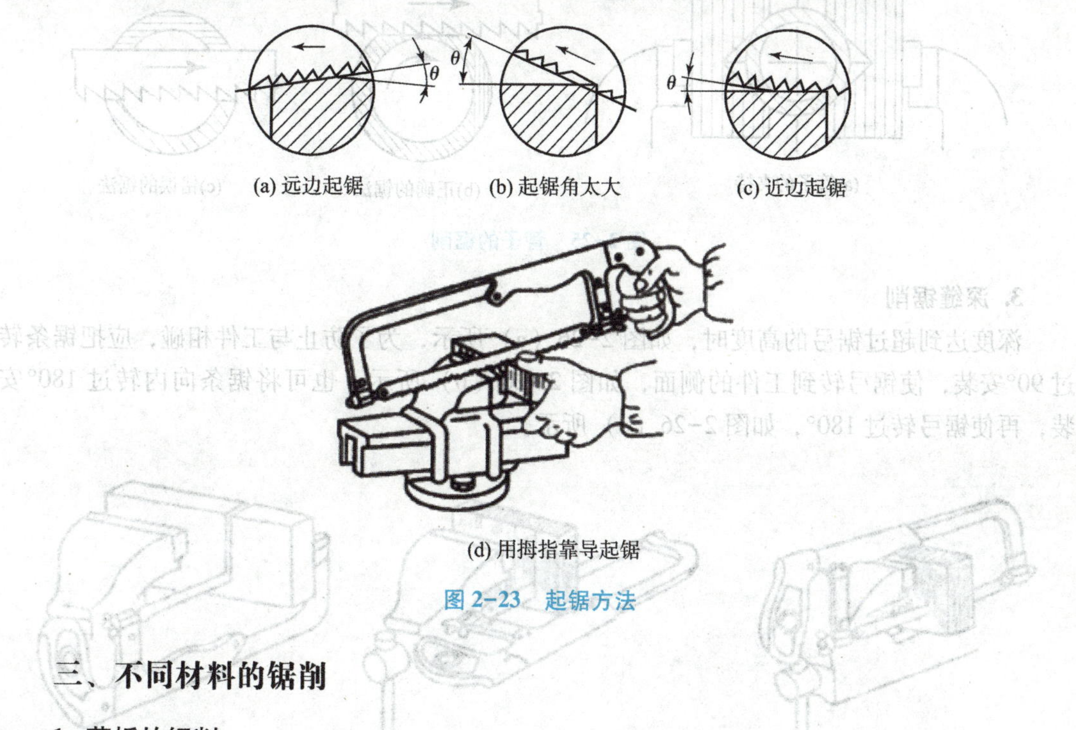

(a) 远边起锯　　(b) 起锯角太大　　(c) 近边起锯

(d) 用拇指靠导起锯

图 2-23　起锯方法

三、不同材料的锯削

1. 薄板的锯削

锯削薄料时，常将木板作为夹衬垫夹在台虎钳上，然后连木板一起锯切，或者采用横向斜推锯切的方法进行，如图 2-24 所示。锯切时，尽可能从宽的一面锯下去，这样同时锯削的齿数较多，锯齿不易被钩住和崩落。

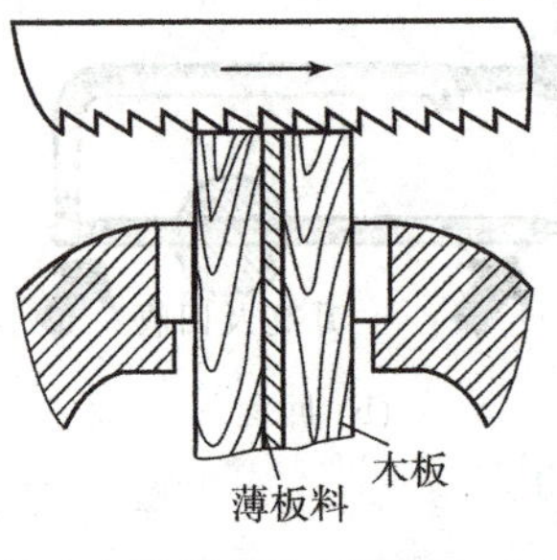

(a) 连木板一起锯切

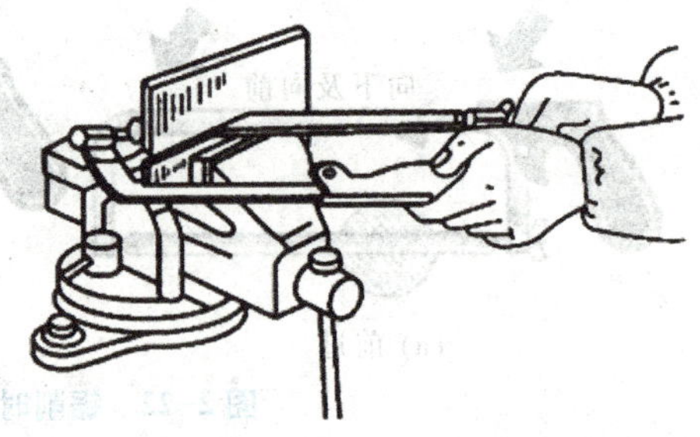

(b) 横向斜推锯切

图 2-24　薄板锯切

2. 管子的锯削

锯削薄壁管子或外圆精加工过的管子，管子须夹在有 V 形槽的木垫之间，以免将管子夹扁或损坏外圆表面，如图 2-25 所示。锯削时不可在一个方向连续锯削到结束，否则锯齿会被管壁钩住而导致崩裂。应该是先从一个方向锯至管子的内壁处，转过一定角度，锯条仍按原来锯缝锯到管子的内壁处，这样不断改变方向，直到锯断为止，如图 2-25（b）所示。

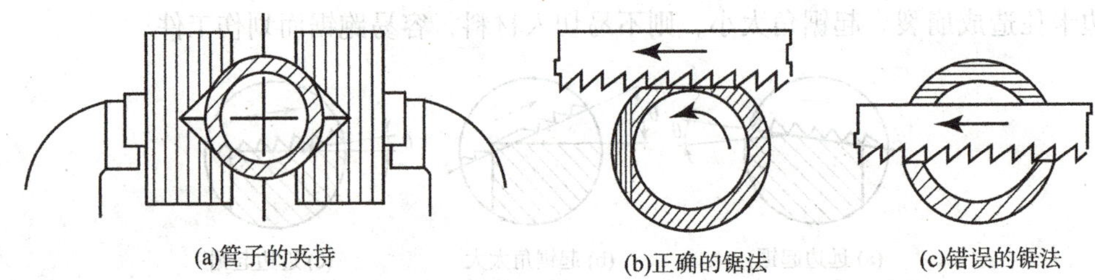

(a)管子的夹持　(b)正确的锯法　(c)错误的锯法

图 2-25　管子的锯削

3. 深缝锯削

深度达到超过锯弓的高度时，如图 2-26（a）所示，为了防止与工件相碰，应把锯条转过 90°安装，使锯弓转到工件的侧面，如图 2-26（b）所示；也可将锯条向内转过 180°安装，再使锯弓转过 180°，如图 2-26（c）所示。

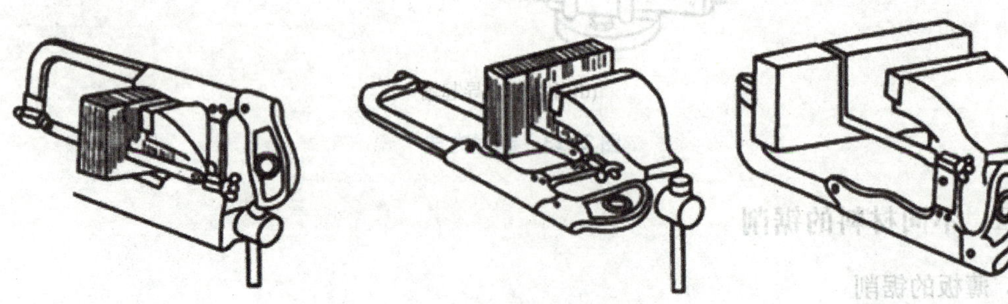

(a) 正常锯切　(b) 锯条转过90° 后锯切　(c) 锯条转过180° 后锯切

图 2-26　深缝锯切

4. 槽钢的锯削

槽钢的锯削和管子的锯削类似，锯削时不能一次锯削到底，应分三次进行，如图 2-27 所示。一开始尽量在宽的一面上进行锯削，按照图 2-27（a）、（b）、（c）的顺序从三个方向锯削。这样可得到较平整的断面，并且锯缝较浅，锯条不会被卡住，从而延长锯条的使用寿命。如果将槽钢装夹一次，从上面一直锯到底，这样锯缝深，不易平整，锯削的效率低。

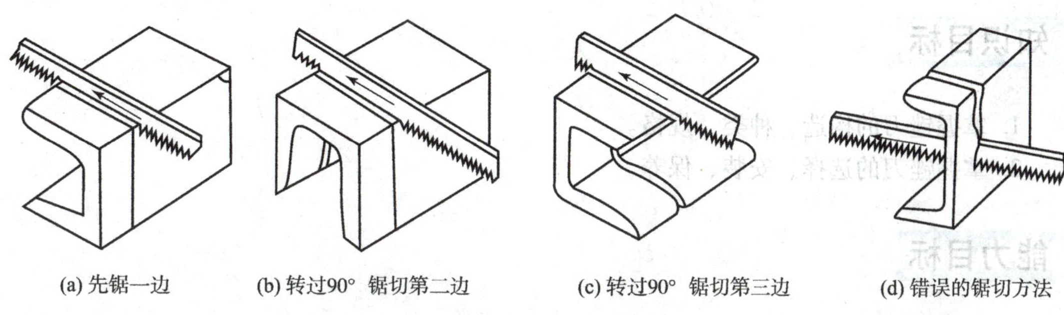

(a) 先锯一边　(b) 转过90° 锯切第二边　(c) 转过90° 锯切第三边　(d) 错误的锯切方法

图 2-27　槽钢锯削

5. 铝质材料的锯削

铝质材料黏性大，锯割中容易粘锯。使用手锯锯削时，采用在砂轮上等距磨掉锯条几个齿（每隔三个齿，磨掉三个齿）的办法，使锯割轻松，效率提高。

6. 不锈钢材料的锯削

不锈钢材料的特点是塑性大，冷硬现象严重，且冷硬层较厚，导热性差，锯削温度较高，容易产生积屑瘤。因此，在锯削不锈钢材料时，应减小推锯频率，加大锯削压力。在锯削的同时使用合适的切削液（如肥皂水）来降低锯削温度，减少摩擦，以获得较好的锯削效果。

四、锯削时的注意事项

① 练习锯削时，必须注意工件的装夹及锯条的安装是否正确，并要注意起锯方法和起锯角度的正确与否，以免一开始锯削就造成废品或锯条损坏。

② 推锯方向要与钳口垂直，以保证锯缝与工件大平面垂直。

③ 初学锯削时，对锯削速度不易掌握，往往推出速度过快，这样会使锯条很快磨钝，而且人也容易疲劳。同时，操作人员也会出现摆动姿势不自然、摆动幅度过大等错误姿势，应注意及时纠正。

④ 要适时注意锯缝的平直情况，及时纠正。如果歪斜过多再作纠正时，就不能保证锯削的质量。

⑤ 锯削钢件时，可适当用些全损耗系统用油，以减小锯条与工件的摩擦并能冷却锯条，延长锯条的使用寿命。

⑥ 锯削完毕后，适当拧松翼形螺母，使锯条适当放松；但不要拆下锯条，防止锯弓上的零件失散。

任务三 锉 削

知识目标

1. 掌握锉刀的构造、种类、规格。
2. 掌握锉刀的选择、安装、保养。

能力目标

1. 掌握平面锉削的姿势和动作要领。
2. 掌握平面锉削技巧，并达到一定的锉削精度。
3. 能够根据不同的材料正确选用锉刀。

相关知识

一、锉削工具

用锉刀对工件表面进行切削加工，使工件达到所要求的尺寸、形状和表面粗糙度，这种操作称为锉削。锉削加工比较灵活，可以加工工件的内外平面、内外曲面、内外沟槽以及各种复杂形状的表面。单件或小批量生产条件下某些复杂形状的零件加工、样板和模具等的加工，以及装配过程中对个别零件的修整等都需要用锉削加工。锉削是钳工最重要的基本操作之一。

（一）锉刀的结构

锉刀是用于锉削加工的刀具，由锉身和锉柄两部分组成，如图 2-28 所示。锉刀由锉身和锉柄两部分组成。锉身包括锉刀面和锉刀边，用优质碳素工具钢 T13 或 T12 制成，并经热处理淬硬，硬度高达 62～65 HRC；锉柄包括锉刀尾和锉刀舌，通常为木质材料。

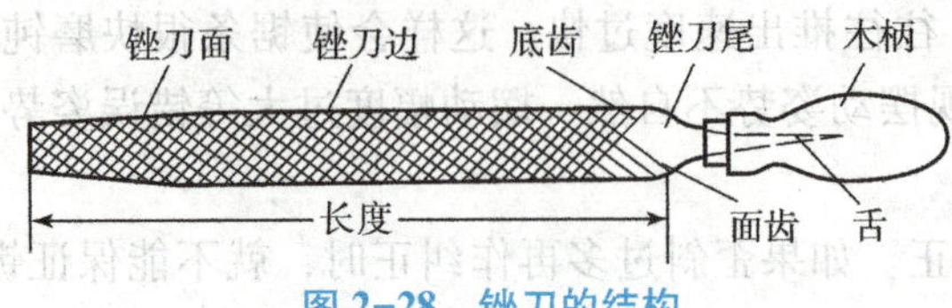

图 2-28 锉刀的结构

（二）锉齿和锉纹

锉齿是锉刀面上用以切削的齿型，有铣制齿和剁制齿两种。齿纹是锉齿排列的形式，有单齿纹和双齿纹两种，如图 2-29 所示。

单齿纹锉的锉齿多为铣制齿，刀齿与轴线倾斜成一定角度，适用于锉削软质的有色金属；双齿纹锉的锉齿多为剁制齿：先剁上去的锉纹为底齿纹，其齿纹深度较浅；后剁上去的

锉纹为面齿纹，其深度较深。面齿纹覆盖在底齿纹上交叉排列，起到分屑、断屑的作用，使锉削省力，适用锉削硬金属材料。

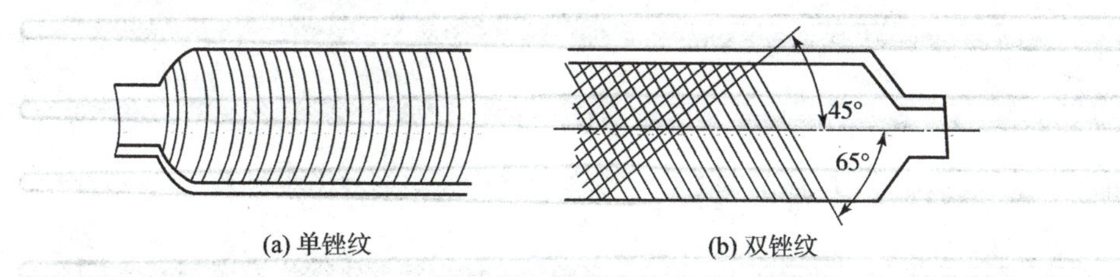

图 2-29 锉刀齿纹

(三) 锉刀的种类和选择

1. 锉刀的种类

按用途不同，锉刀可分为普通钳工锉刀、异形锉刀和整形锉三类。

普通钳工锉用于一般的锉削加工，按其断面形状的不同，又分为板锉（平锉或扁锉）、方锉、三角锉、半圆锉和圆锉五种，如图 2-30 所示。

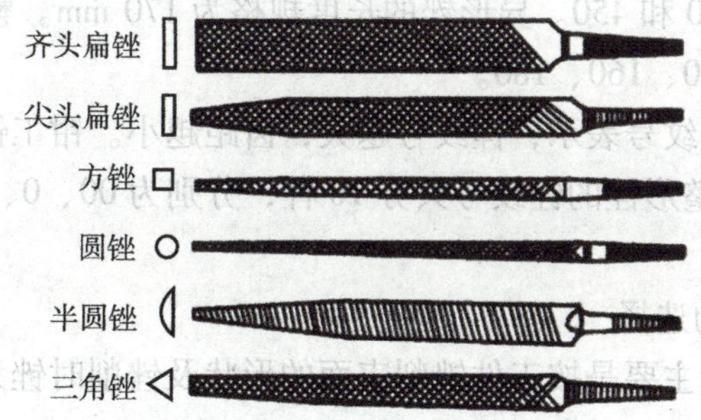

图 2-30 普通钳工锉种类及截面

异形锉刀用于锉修特殊形状的平面和弧面。常用的异形锉根据其断面形状的不同，分为椭圆锉、菱形锉、扁三角锉和刀口锉等，如图 2-31 所示。

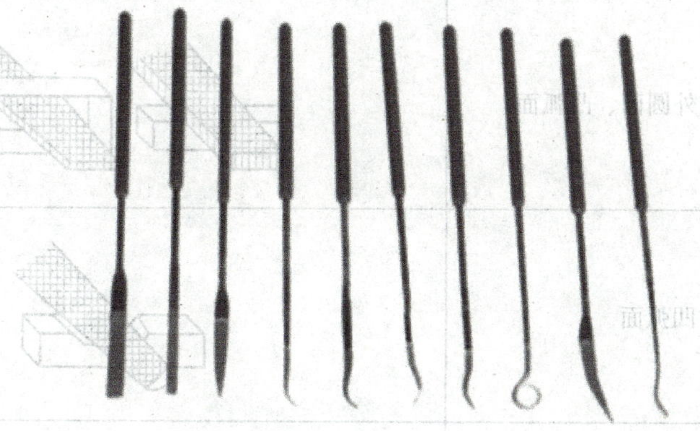

图 2-31 异形锉

整形锉通常称为什锦锉或组锉，因分组配备各种断面形状的小锉而得名。整形锉通常以 5 支、6 支、8 支、10 支或 12 支为一组，主要用于锉削小而精细的金属零件，如图 2-32 所示。

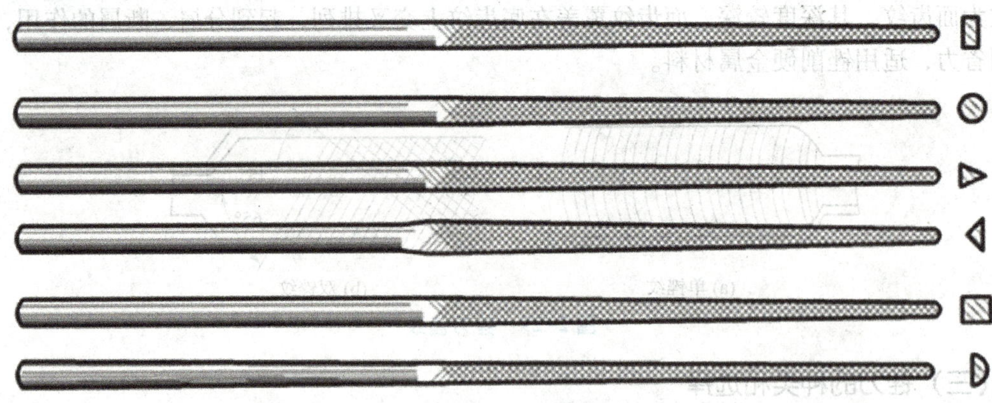

图 2-32　整形锉

2. 锉刀的规格

锉刀的规格分为长度规格和粗细规格两种。钳工锉的长度规格是指锉身的长度；异形锉和整形锉的长度规格是指锉刀全长。钳工锉的长度规格（单位为 mm）有 100、125、150、200、250、300、350、400 和 450。异形锉的长度规格为 170 mm。整形锉的长度规格（单位为 mm）有 100、120、140、160、180。

锉刀的粗细规格以锉纹号表示，锉纹号越大，齿距越小。钳工锉的锉纹号共分 5 种，分别为 1～5 号。异形锉、整形锉的锉纹号共分 10 种，分别为 00、0、1～8 号。

3. 锉刀的选用

（1）锉刀断面形状的选择

锉刀断面形状的选择主要是按工件锉削表面的形状及锉削时锉刀的运动特点确定的，见表 2-2。

表 2-2　锉刀断面形状的选择

锉刀类型	加工表面	图　例
扁锉	平面、外圆面、凸弧面	
半圆锉	平面、凹弧面	
三角锉	内角、三角孔、平面	

续表

锉刀类型	加工表面	图例
方锉	方孔、长方孔	
圆锉	圆孔、小半径的凹弧面、内椭圆面	
菱形锉	菱形孔、锐角槽	
刀口锉	锉内角、窄槽、楔形槽，方孔、三角孔、长方孔的平面	

（2）锉刀粗细规格的选择

锉刀粗细规格的选择，取决于工件材料的性质、加工余量的大小以及加工精度和表面粗糙度要求的高低。

锉刀适宜的加工余量及能达到的加工精度和表面粗糙度，供选择的锉刀粗细规格选择见表2-3。

表 2-3 锉刀粗细规格的选择

锉刀	适用场合			
	加工余量/mm	尺寸精度/mm	表面粗糙度/μm	适用对象
1号（粗齿锉刀）	0.5～1	0.2～0.5	*Ra* 100～25	粗加工或加工有色金属
2号（中齿锉刀）	0.2～0.5	0.05～0.2	*Ra* 25～6.3	半精加工
3号（细齿锉刀）	0.1～0.3	0.02～0.05	*Ra* 12.5～3.2	精加工或加工硬金属
4号（双细齿锉刀）	0.1～0.2	0.01～0.02	*Ra* 6.3～1.6	精加工或加工硬金属
5号（油光锉）	0.1以下	0.01	*Ra* 1.6～0.8	精加工时修光表面

(3) 锉刀尺寸规格的选择

选择锉刀尺寸规格主要是按工件锉削面的大小、长短和加工余量的大小来确定。加工面的尺寸较大、加工余量也较大时，应选用较长锉刀；反之，则选用较短的锉刀。对于内表面的锉削，锉刀尺寸必须小于或等于加工面的尺寸，否则无法进行锉削加工。

二、锉削的操作方法

1. 装夹工件

工件必须牢固地夹在台虎钳钳口的中部，需锉削的表面应略高于钳口，但不能高得太多，夹持已加工表面时，应在钳口与工件之间垫以铜片或铝片。

2. 锉刀的握法

锉刀的大小及使用情况不同，锉刀的握法也有所不同。较大锉刀的握法是用右手紧握锉刀柄，柄端抵在拇指根部的手掌上，大拇指放在锉刀柄上部，其余手指握住锉刀柄；左手将拇指肌肉压在锉刀头上，拇指自然伸直，其余四指弯向手心，用中指、无名指捏住锉刀前端。右手推动锉刀，左手协同右手使锉刀保持平衡。大板锉的握法如图 2-33 所示。

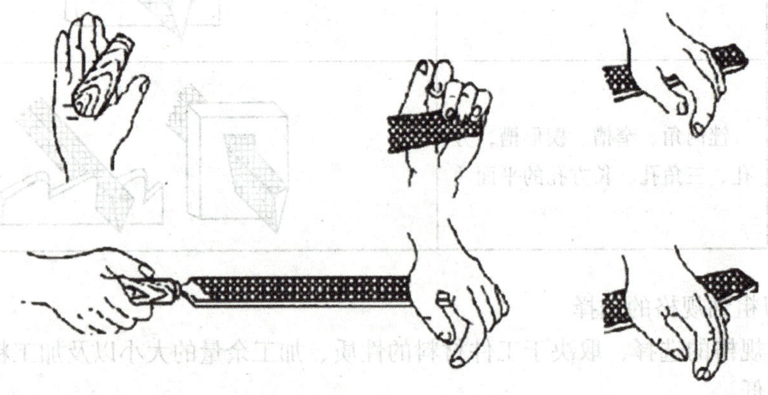

图 2-33　大板锉的握法

中型锉刀的握法。右手的握法与上述较大锉刀的握法一样，左手只需用大拇指和食指轻轻的扶持，如图 2-34（a）所示。

较小锉刀的握法，右手的食指放在锉刀柄的侧面，为了避免锉刀弯曲，用左手的几个手指压在锉刀的中部，如图 2-34（b）所示。

对于整形锉刀，只需用一只手握住，食指放在上面，如图 2-34（c）所示。

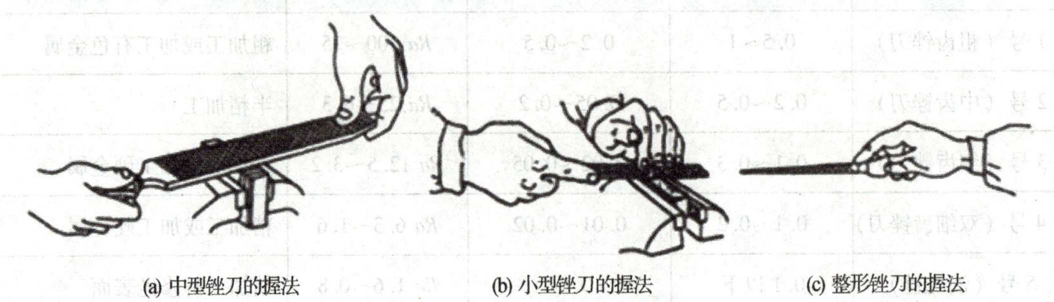

(a) 中型锉刀的握法　(b) 小型锉刀的握法　(c) 整形锉刀的握法

图 2-34　中小型锉的握法

3. 锉削的姿势和动作

锉削力的大小不同，锉削的姿势和动作也略有差异，因为正确的锉削姿势能够减轻疲劳，提高锉削的质量和效率，如图 2-35 所示。粗锉时，锉削力较大，所以姿势要有利于身体的稳定，动作要有利于推锉力的施加。精锉时，因为锉削力较小，所以锉削姿势要自然，动作幅度要小些，以保证锉刀运动的平稳性，使锉削表面的质量容易得到控制。

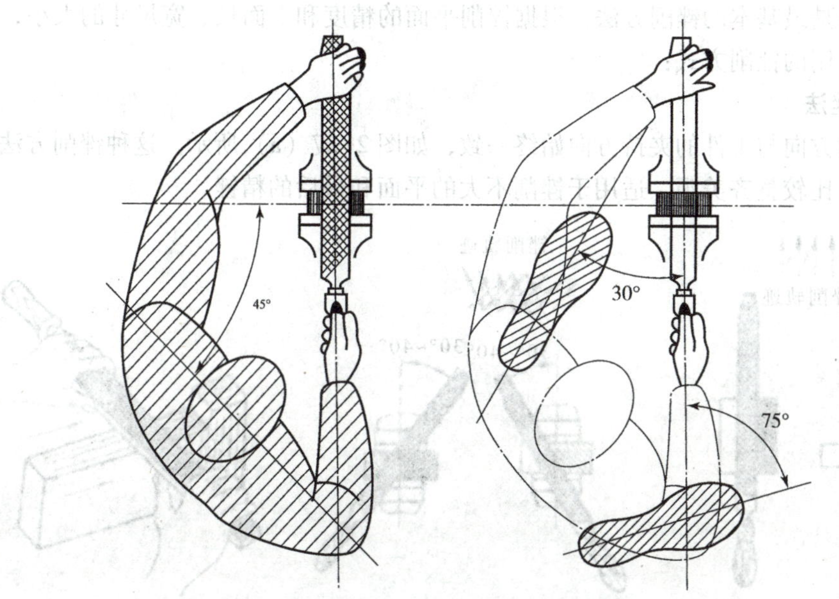

图 2-35 锉削时的站立部位和姿势

进行锉削时，身体重心放在左脚上，左腿微弓，右腿伸直，右脚始终站稳不移动，靠左腿的屈伸做往返运动，锉削动作由身体与手臂运动合成，如图 2-36 所示。

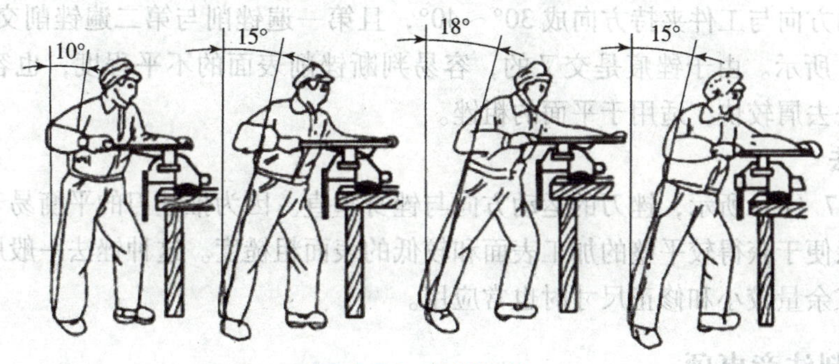

图 2-36 锉削姿势

锉削的姿势和动作可以分解为以下四个过程：

① 开始锉削时身体向前倾斜 10°左右，左腿稍有弓腿，右腿伸直，右肘尽量向后收缩。

② 最初 1/3 行程时，右肘向前推进锉刀，左腿弓腑幅度增大，右腿伸直，身体向前倾斜 15°左右。

③ 第二个 1/3 行程时，右肘向前继续推进锉刀，左腿弓腑幅度进一步增大，右腿伸直，身体逐渐倾斜到 18°左右。

④ 最后 1/3 行程时，右肘继续向前推进锉刀，左腿弓腑幅度减少，右腿伸直，身体自

然地退回到15°左右。

锉削行程结束后，手和身体都恢复到起始姿势，同时，锉刀略提起退回到原位。锉削速度一般为每分钟40~60次。

三、平面锉削方法

平面锉削是最基本的锉削方法。根据锉削平面的精度和平面长、宽尺寸的大小，可以选择以下三种常用的锉削方式：

1. 顺向锉法

锉刀运动方向与工件的夹持方向始终一致，如图2-37（a）所示。这种锉削方法可得到正直的锉痕，比较整齐美观，适用于锉削不大的平面和最后的精锉。

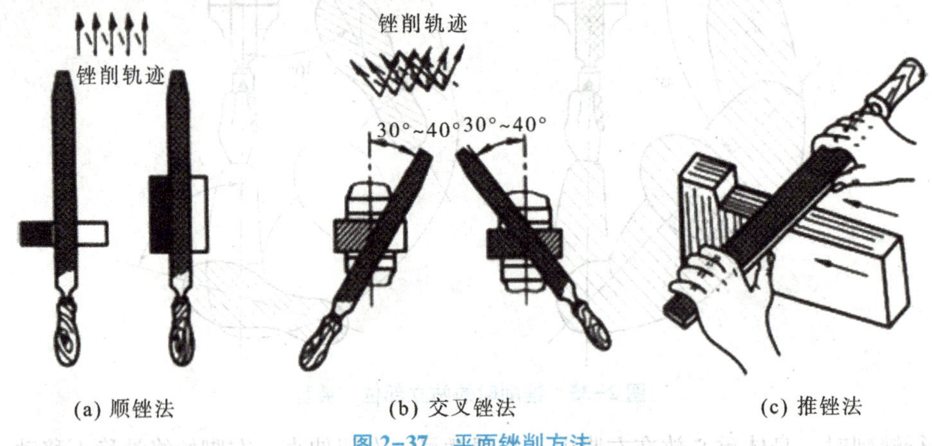

图2-37　平面锉削方法

2. 交叉锉法

锉刀运动方向与工件夹持方向成30°~40°，且第一遍锉削与第二遍锉削交叉进行，如图2-37（b）所示。由于锉痕是交叉的，容易判断锉削表面的不平程度，也容易把表面锉平。交叉锉法去屑较快，适用于平面的粗锉。

3. 推锉法

如图2-37（c）所示，锉刀的运动方向与锉身垂直。因为推锉刀的平衡易于掌握且锉削量很小，所以便于获得较平整的加工表面和较低的表面粗糙度。这种锉法一般用来锉削狭长平面，在加工余量较小和修正尺寸时也常应用。

四、锉削注意事项

① 锉刀必须装柄使用，以免刺伤手腕。松动的锉刀柄应装紧后再用，锉身或锉柄已经开裂或没有锉刀箍的锉刀不可使用。

② 不准用嘴吹锉屑，也不要用手清除锉屑。当锉刀堵塞后，应用钢丝刷顺着锉纹方向刷去锉屑。

③ 对铸件上的硬皮或粘砂、锻件上的飞边或毛刺等，应先用砂轮磨去，然后锉屑。

④ 锉屑时不准用手摸锉过的表面，因手有油污，再锉时易打滑。

⑤ 锉刀不能作为橇棒使用或敲击工件，防止锉刀折断伤人。

⑥ 放置锉刀时，不要使其露出工作台面，以防锉刀跌落伤脚；也不能把锉刀与锉刀叠放或把锉刀与量具叠放。

任务四 錾 削

知识目标

1. 掌握錾削用工具的种类以及錾子的分类和几何角度。
2. 掌握平面錾削的基础知识。

能力目标

1. 掌握平面錾削的操作要领。
2. 能够对錾子进行刃磨。

相关知识

一、錾削

用手锤打击錾子对金属进行切削加工的操作方法称为錾削。錾削的作用就是錾掉或錾断金属，使其达到要求的形状和尺寸。錾削主要用于不便于机械加工的场合，如去除凸缘、毛刺，以及分割反料、凿油槽等。图 2-38 所示为錾削的实例。

二、錾子的结构和种类

1. 錾子的结构

錾子是錾削用的刀具，由切削部分（锋口）、斜面、柄部和头部四个部分组成，如图 2-39所示。切削部分由前刀面、后刀面以及它们交线形成的切削刃组成；柄部多呈八棱形，以防止錾削时錾子转动；头部有一定的锥度，顶端略带球形，以便锤击时作用力容易通过錾子的中心线。

2. 錾子的种类

钳工常用的錾子有阔錾（扁錾）、狭錾（尖錾）、油槽錾和扁冲錾四种，如图 2-40 所示。阔錾用于錾切平面，切割和去毛刺；狭錾用于开槽；油槽錾用于切油槽；扁冲錾用于打通两个钻孔之间的间隔。

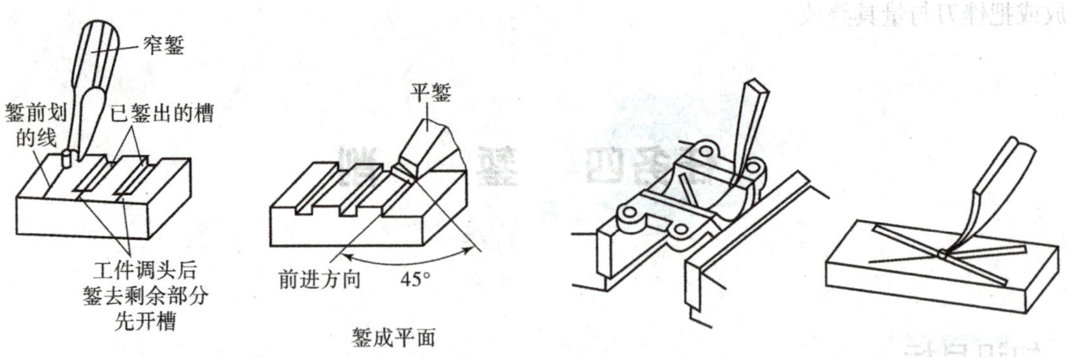

(a) 錾平面

(b) 錾油槽

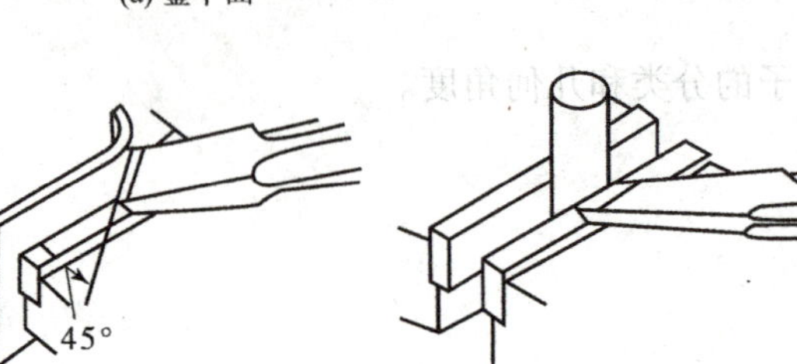

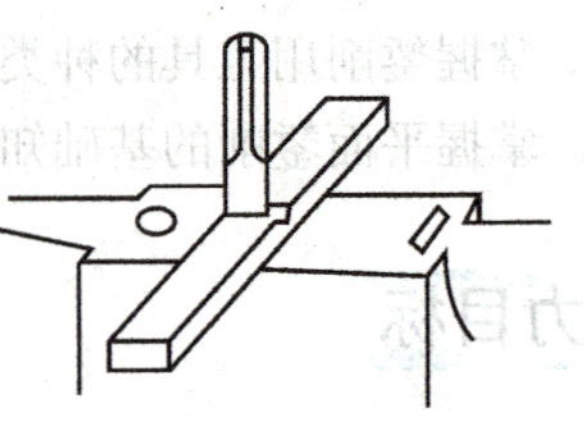

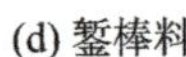

(c) 錾薄板　(d) 錾棒料　(e) 錾条料

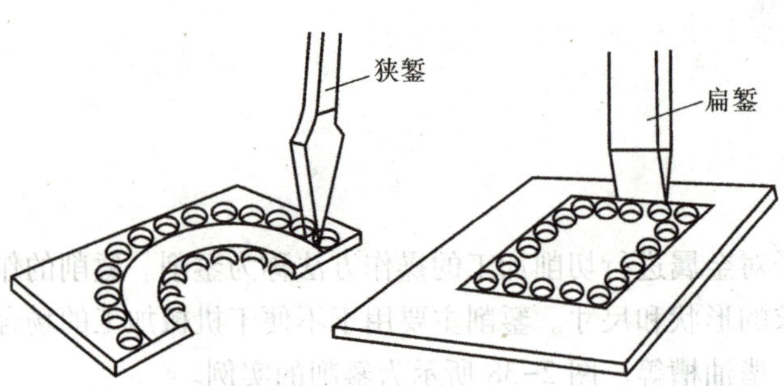

(f) 开料錾削

图 2-38　錾削实例

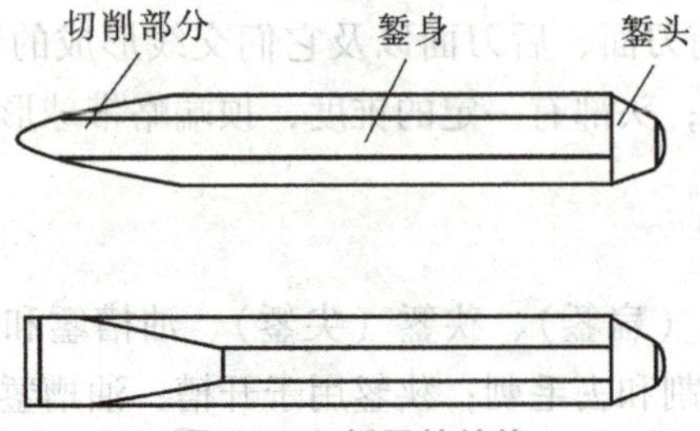

图 2-39　錾子的结构

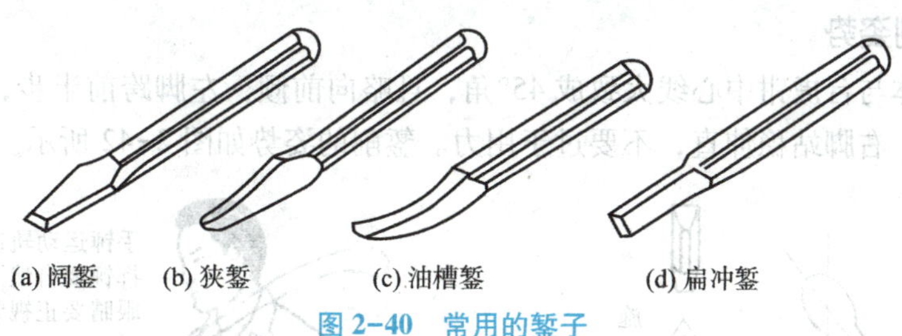

图 2-40 常用的錾子

三、錾子的修磨

以扁錾（图 2-39 所示）为例，其修磨过程为：

① 磨平两斜面，并注意保持两斜面的对称性。

② 磨平两侧面（位于斜面的两侧），并注意保持两侧面相互平行或对称。

③ 磨头部锋口，并注意保持两个平面的对称性。

修磨錾子的时候不能使用水来冷却，以防止切削部分硬度降低，錾子的高度需略高于砂轮中心线。

四、錾削操作

（一）錾子的握法

握錾子的方法随工作条件不同而有所不同，常用的方法有以下几种：

1. 正握法

手心向下，腕部伸直，用中指、无名指握住錾子，小指自然合拢，食指和大拇指自然伸直地松靠，錾子头部伸出约 20 mm，如图 2-41（a）所示。这种握法适用于在平面上錾削。

2. 反握法

手心向上，手指自然捏住錾子，手掌悬空，如图 2-41（b）所示。这种握法适用于小的平面或侧面錾削。

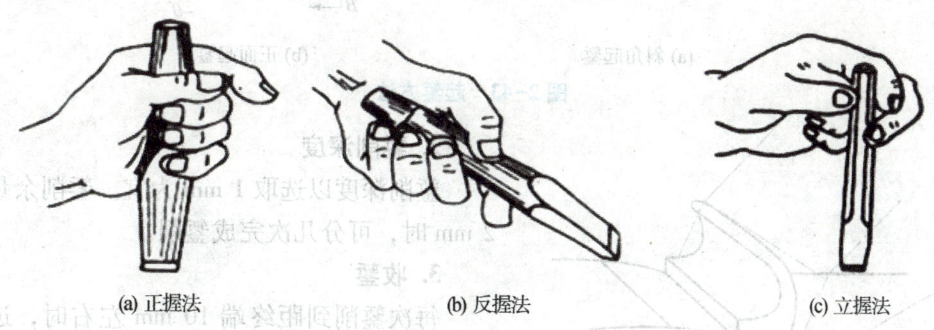

图 2-41 錾子的握法

3. 立握法

虎口向上，大拇指放在錾子的一侧，其余四指放在另一侧捏住錾子，如图 2-41（c）所示。这种握法适用于垂直錾切工件。

（二）錾削姿势

錾削时身体与台虎钳中心线大致成45°角，且略向前倾，左脚跨前半步，膝盖处稍有弯曲，保持自然，右脚站稳伸直，不要过于用力。錾削的姿势如图2-42所示。

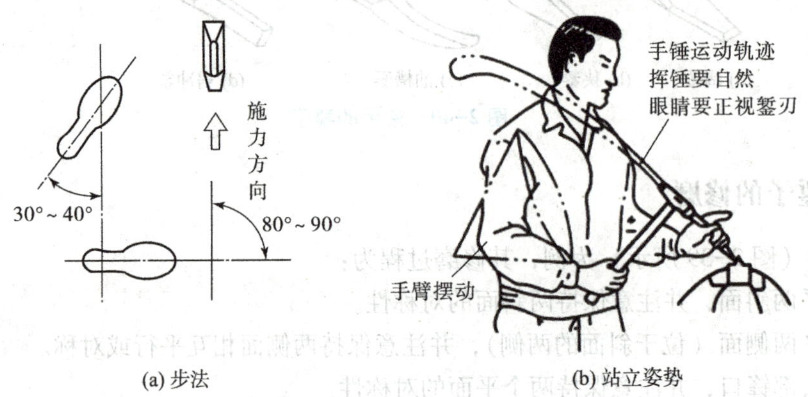

(a) 步法　　(b) 站立姿势

图2-42　錾削的姿势

（三）錾削方法

1. 起錾

起錾时，从工件的边缘尖角处着手，如图2-43（a）所示；或者使錾子与工件起錾端面基本垂直，如图2-43（b）所示；再用锤子轻敲錾子，即可准确和顺利地起錾。

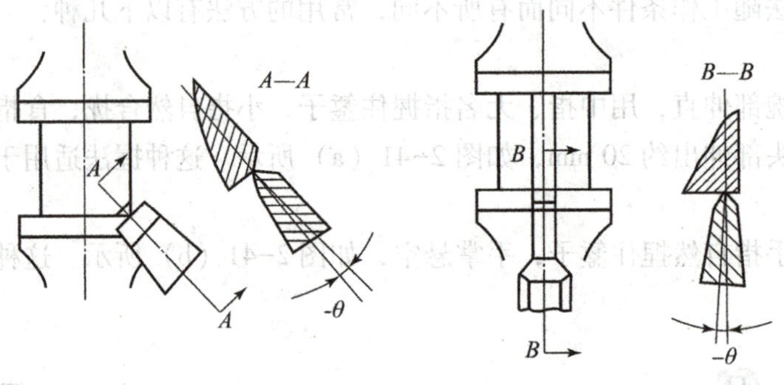

(a) 斜角起錾　　(b) 正面起錾

图2-43　起錾方法

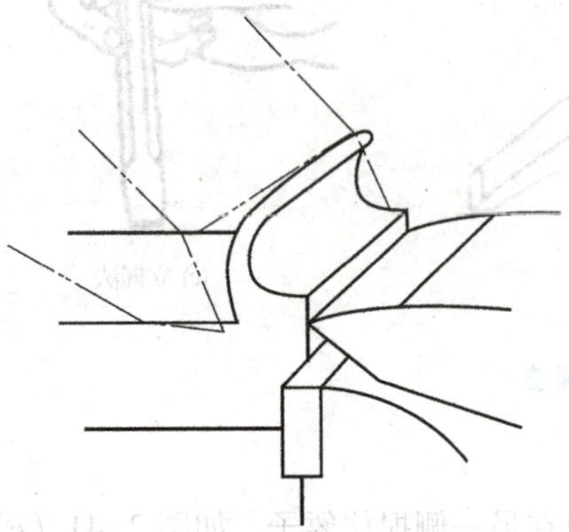

图2-44　掉头收錾

2. 錾削深度

錾削深度以选取1 mm为宜。錾削余量大于2 mm时，可分几次完成錾削。

3. 收錾

每次錾削到距终端10 mm左右时，进一步錾削会使工件的边缘崩裂，应及时收錾，调转錾子从相反方向錾去剩余的部分，如图2-44所示。

4. 錾削油槽

錾削油槽时，首先要将油槽錾的切削刃磨

成油槽断面形状。平面上錾削油槽的方法与平面錾削方法相同。曲面上油槽的錾削应保持錾子切削角度不变，錾子随曲面曲率的改变而改变倾角。錾削完成后需用锉刀和油石修整毛刺。

五、錾削安全事项

① 工件在台虎钳中央必须夹紧，伸出高度一般以离钳口 10～15 mm 为宜，同时下面要加木衬垫。

② 发现手锤木柄有松动或损坏时，要立即更换或装牢；木柄上不应沾有油，以免使用时滑出。

③ 錾子头部有明显毛刺时，应及时磨去。

④ 手锤应放置在台虎钳右边，柄不可露在钳台外面，以免掉下伤脚，錾子应放在台虎钳左边。

任务五 钻 孔

知识目标

1. 了解台式钻床的规格、性能及使用方法。
2. 掌握常用钻头的规格。

能力目标

1. 掌握钻孔时工件的装夹方法。
2. 掌握划线钻孔方法，并能进行一般精度孔的钻削加工。

一、钻孔概述

用钻头在实体材料上加工孔的方法叫钻孔。

在机械制造中，从每个零件的制造到机器组装，每一个环节几乎都离不开钻孔。任何一种机器，没有孔是不能装配在一起的。如在零件的相互联连接中，需要有穿过铆钉、螺钉和销钉的孔；在气、液压设备上，需要有流体通过的孔；在传动机械上，需要有安装传动零件的孔；各种需要安装轴承的孔；各种机械设备上的注油孔、减重孔、防裂孔以及其他各种工艺孔。因而，孔加工在机械加工中非常重要。

各种零件的孔加工，除去一部分由车床、镗床和铣床等机床完成外，很大一部分是由钳工利用钻床和钻孔工具（钻头、扩孔钻、铰刀等）完成的。钻床是钻孔的主要设备，常用

的钻床有台式钻床、立式钻床和摇臂钻床。

在钻床上钻孔时，一般情况下，钻头应同时完成两个运动：主运动，即钻头绕轴线的旋转运动（切削运动）；辅助运动，即钻头沿着轴线方向对着工件的直线运动（进给运动）。钻孔示意图，如图 2-45 所示。

钻孔时，钻头结构上存在的缺点会影响加工质量，加工精度一般在 IT10 级以下，表面粗糙度为 Ra12.5 μm 左右。因此，钻孔只能加工要求不高的孔或完成孔的粗加工。

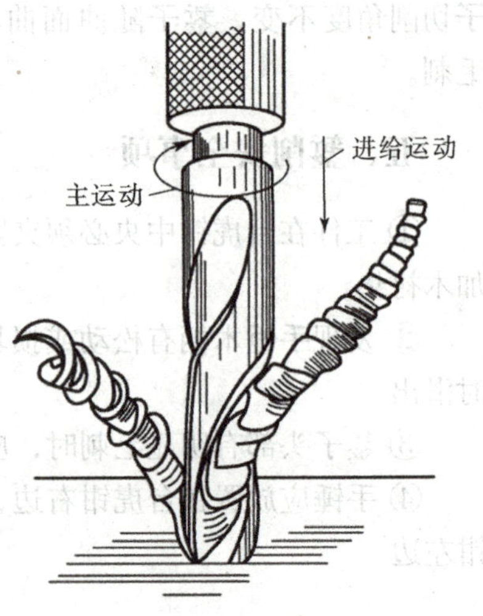

图 2-45 钻孔

二、麻花钻的结构

最常用的钻孔工具是麻花钻。麻花钻通常用高速钢材料制成，结构为整体式。如图 2-46 所示，麻花钻由柄部、颈部和工作部分组成。切削部分在钻孔时起主要切削作用。导向部分是指切削部分与颈部之间的部分，钻孔时起导向作用，同时也起着排屑和修光孔壁的作用。麻花钻柄部形式有直柄和锥柄两种：一般直径小于 13 mm 的钻头做成直柄；直径大于 13 mm 的钻头做成锥柄。钻头的规格、材料和商标等刻印在颈部。

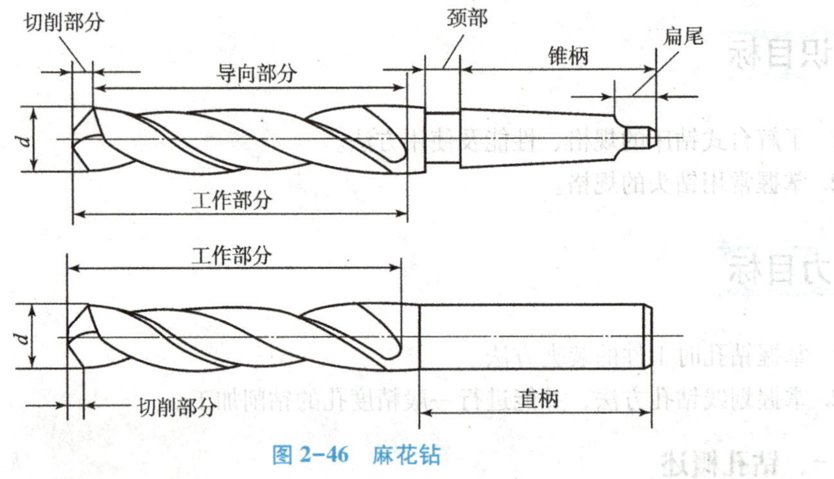

图 2-46 麻花钻

三、钻削用量与切削液的选择

（一）钻削用量的选择

钻削用量是切削速度、背吃刀量和进给量的总称。合理选择钻削用量，可提高钻孔精度、生产效率，并能防止机床过载或损坏。

1. 切削速度

钻削时钻头切削刃上最大直径处的线速度，计算公式为：

$$v_c = \frac{\pi Dn}{1\ 000}$$

式中 D——钻头直径（mm）；

n——钻头转速（r/min）；

v_c——切削速度（m/min）。

在选择切削速度时，钻头直径较小取大值，钻头直径较大取小值；工件材料较硬取小值，工件材料较软取大值。高速钢钻头切削速度的选择见表 2-4。

表 2-4 高速钢钻头切削速度

工件材料	切削速度/(m · min^{-1})
铸铁	14～22
碳钢	16～24
黄铜或青铜	30～60

2. 背吃刀量

钻削加工的背吃刀量是指沿主切削刃测量的切削层厚度，在数值上等于钻头的半径。

3. 进给量 f

进给量是指钻头每转一周沿轴向方向的移动距离。一般钢料的钻削进给量见表 2-5。

表 2-5 一般钢料的进给量

钻孔直径/mm	1～2	2～3	3～5	5～10
进给量 f/(mm · r^{-1})	0. 30～0. 50	0. 60～0. 75	0. 75～0. 85	0. 85～1

（二）切削液的选择

为了便于钻头散热冷却，减少钻削时钻头与工件、切屑之间的摩擦，消除黏附在钻头和工件表面上的积屑瘤，从而降低切削抗力、提高钻头寿命和改善加工孔表面的质量，钻孔时要加注足够的切削液。钻钢件上的孔时，可用 3%～5% 的乳化液；钻铸铁上的孔时，一般可不加或连续加注 5%～8% 的乳化液。钻各种材料选用的切削液见表 2-6。

表 2-6 钻各种材料选用的切削液

工件材料	切削液
各类结构钢	3%～5%乳化液；7%硫化乳化液
不锈钢、耐热钢	3%肥皂加 2%亚麻油水溶液；硫化切削油
纯铜、黄铜、青铜	5%～8%乳化液
铸铁	可不用；5%～8%乳化液；煤油
铝合金	可不用；5%～8%乳化液；煤油；煤油与菜油的混合油
有机玻璃	5%～8%乳化液；煤油

四、钻孔方法

（一）钻孔划线

钻孔前，先要按钻孔的位置尺寸要求划出孔位的中心线，并打样冲眼。钻直径较大的孔时，还应划出几个大小不等的检查圆或检查方框，以便钻孔时检查，如图 2-47 所示。最后将中心冲眼敲大，以便准确落钻定心。

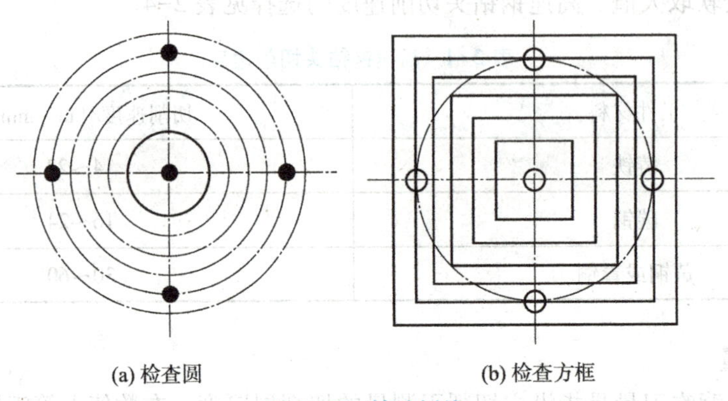

(a) 检查圆　　(b) 检查方框

图 2-47　钻孔划线

（二）工件的装夹

钻孔时，根据工件的形状及钻削力大小的不同，可采用不同的装夹方法以保证钻孔的质量和安全。常用的装夹方法有以下几种。

1. 平口钳装夹

平整的工件可用平口钳装夹，如图 2-48（a）所示。装夹时，应使工件表面与钻头垂直。

2. V 形架装夹

圆柱形的工件可用 V 形架装夹，如图 2-48（b）所示。

3. 压板装夹

大的工件可用压板、螺栓直接固定在钻床上，如图 2-48（c）所示。

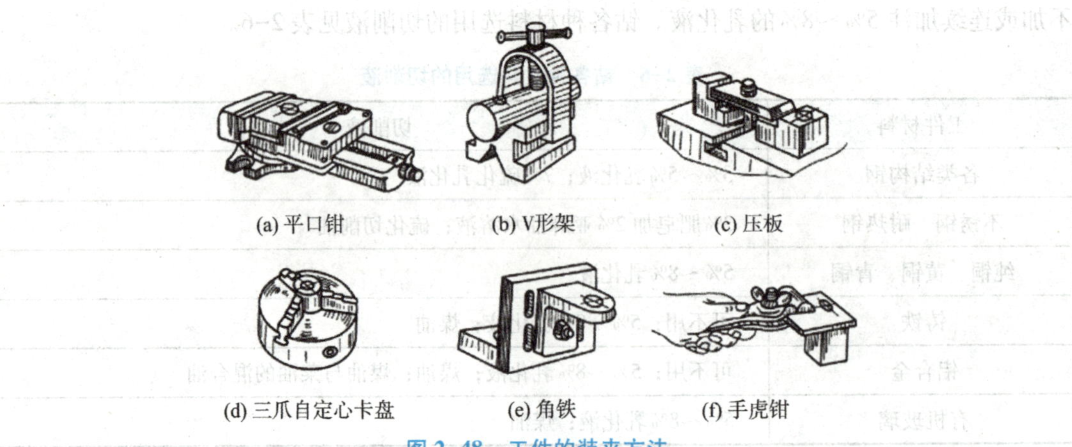

(a) 平口钳　(b) V形架　(c) 压板

(d) 三爪自定心卡盘　(e) 角铁　(f) 手虎钳

图 2-48　工件的装夹方法

4. 卡盘装夹

圆柱工件端面钻孔，可利用三爪自定心卡盘进行装夹，如图 2-48（d）所示。

5. 角铁装夹

面不平或加工基准在侧面的工件，可用角铁进行装夹，如图 2-48（e）所示。

6. 手虎钳装夹

小型工件或薄板件钻孔时，可将工件放置在定位块上，用手虎钳进行夹持，如图 2-48（f）所示。

（三）钻头的装拆

1. 直柄钻头的装拆

直柄钻头用钻夹头夹持，用钻夹头钥匙转动钻夹头旋转外套，可做夹紧或放松动作，如图 2-49（a）所示。钻头夹持长度不能小于 15 mm。

2. 锥柄钻头的装拆

（1）锥柄钻头的柄部锥体与钻床主轴锥孔直接连接，需要利用加速冲力一次装接，如图 2-49（b）所示。

连接时必须将钻头锥柄及主轴锥孔擦干净，且使矩形舌部的方向与主轴上的腰形孔中心线方向一致。

（2）拆卸钻头时，是用斜铁敲入钻头套或钻床主轴上的腰形孔内，斜铁的直边要放在上方，利用斜边的向下分力使钻头与钻头套或主轴分离，如图 2-49（c）所示。

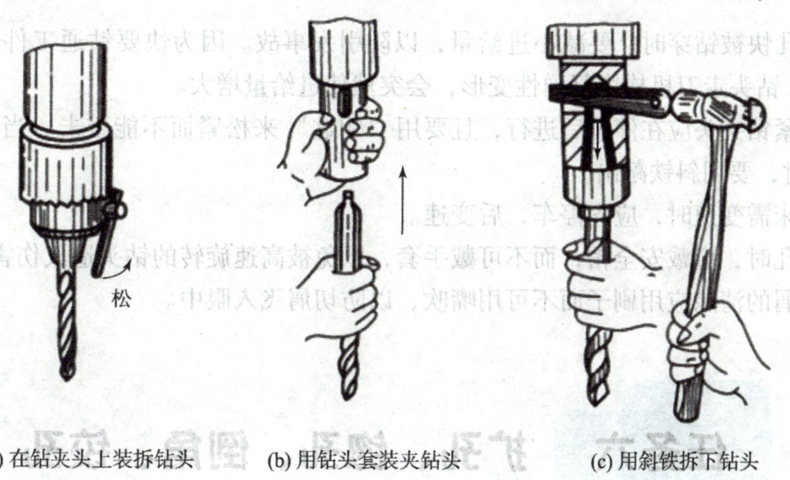

(a) 在钻夹头上装拆钻头　(b) 用钻头套装夹钻头　(c) 用斜铁拆下钻头

图 2-49 钻头的装拆

（四）起钻

开始钻孔时，先使钻头对准孔的中心钻出一浅坑，观察定心是否准确，并要不断校正，目的是使起钻浅坑与检查圆同心。

（五）手动进给操作

当起钻达到钻孔的位置要求后，即可扳动手柄完成钻孔。

（六）钻孔及注意事项

① 钻削不通孔时，应按钻孔深度调整好钻床上的挡块、深度标尺或采用其他控制措施，以免钻得过深或过浅，并注意退屑。

② 钻削通孔时，当孔快要钻穿时，应减小进给力，以免发生“啃刀”，影响加工质量、折断麻花钻或使工件随着麻花钻转动造成事故。

③ 钻削深孔时，钻削深度达到麻花钻直径 3 倍时，就应退出排屑，并注意冷却润滑。

④ 钻 ϕ1 mm 以下小孔时，切削速度可选在 2000～3000 r/min 及其以上，进给力小且平稳，不宜过大过快，防止麻花钻弯曲和滑移；且应经常退出麻花钻排屑，并加注切削液。

钻孔工艺演示

⑤ 钻 ϕ30 mm 以上的大孔，一般分成两次进行：第一次用 0.6～0.8 倍孔径的麻花钻；第二次用所需直径的麻花钻钻削。

⑥ 在斜面上钻孔时，可采用中心钻先钻底孔，或用铣刀在钻孔处铣削出小平面，也可用钻套导向等方法进行。

五、钻孔的安全技术

① 钻孔前要清理工作台，如刀具、量具和其他物品不应放在工作台面上。

② 钻孔前要夹紧工件，钻通孔时要垫垫块或使钻头对准工作台的沟槽，防止钻头损坏工作台。

③ 通孔快被钻穿时，要减小进给量，以防引发事故。因为快要钻通工件时，轴向阻力突然消失，钻头走刀机构恢复弹性变形，会突然使进给量增大。

④ 松紧钻夹头应在停车后进行，且要用“钥匙”来松紧而不能敲击。当钻头要从钻头套中退出时，要用斜铁敲出。

⑤ 钻床需变速时，应先停车，后变速。

⑥ 钻孔时，应戴安全帽，而不可戴手套，以免被高速旋转的钻头造成伤害。

⑦ 切屑的清除应用刷子而不可用嘴吹，以防切屑飞入眼中。

任务六　扩孔、锪孔、倒角、铰孔

知识目标

1. 了解扩孔、锪孔、倒角和铰孔的使用场合。

能力目标

1. 掌握扩孔的操作方法，能够正确安装扩孔钻。
2. 掌握铰孔的操作方法，能够正确安装铰刀。

相关知识

一、扩孔

用扩孔钻或麻花钻将工件上原有孔径进行扩大的加工方法称为扩孔，如图 2-50 所示。扩孔精度可达 IT 10～IT9，表面粗糙度达 3.2 μm。常用于孔的半精加工和铰孔前的预加工。扩孔时，可用普通麻花钻，但当孔精度要求较高时常用扩孔钻。扩孔钻按刀体结构分为整体式和镶片式两种；按装夹方式分为直柄、锥柄和套式三种。

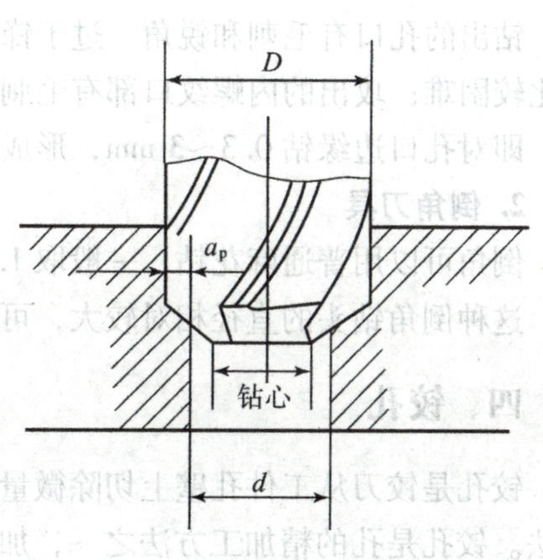

图 2-50 扩孔

二、锪孔

锪孔是指在已加工的孔上加工圆柱形沉头孔、锥形沉头孔和凸台断面等。锪孔时使用的刀具称为锪钻，一般用高速钢制造。

锪钻分为柱形锪钻、锥形锪钻和端面锪钻三种，如图 2-51 所示。

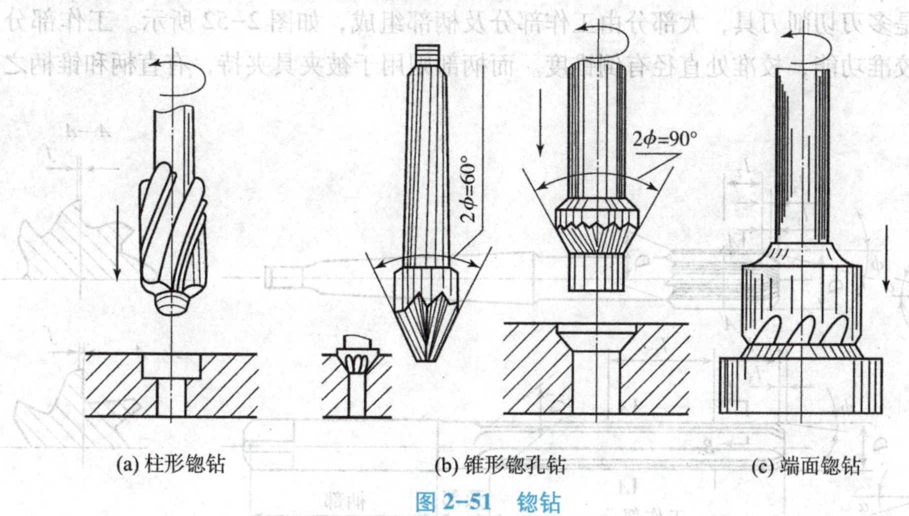

(a) 柱形锪钻　(b) 锥形锪孔钻　(c) 端面锪钻

图 2-51 锪钻

1. 柱形锪钻

图 2-51（a）所示为用来锪圆柱形埋头孔的锪钻。按端部结构分为带导柱、导柱和带可

换导柱三种。导柱与工件原有孔配合，起定心导向作用；端面刀刃为主刀刃，起主要切削作用；外圆上的刀刃为副刀刃，起修光孔壁作用。

2. 锥形锪钻

图 2-51（b）所示为锥形锪钻，用来锪锥形的埋头孔。

3. 端面锪钻

图 2-51（c）所示为用来锪平孔端面的锪钻。有多齿形端面锪钻和片形端面锪钻。前端导柱用来定心和导向，以保证加工后的端面与孔件中心线垂直。

三、倒角

1. 倒角及其作用

钻出的孔口有毛刺和锐角，过于锋利，容易对人造成伤害；安装螺钉、轴等部件的时候也比较困难；攻出的内螺纹口部有毛刺，不便螺钉的拧入。因此，要把孔口稍微切削掉一部分，即对孔口边缘钻 0. 3～3 mm，形成 30°～45°的锥面，这就是倒角。

2. 倒角刀具

倒角可以用普通麻花钻，一般取 1. 5～2 倍孔径的普通麻花钻，或者使用专门的倒角钻头。这种倒角钻头的直径相对较大，可以完成多种直径孔的加工。

四、铰孔

铰孔是铰刀从工件孔壁上切除微量金属层，以提高其尺寸精度和孔表面质量的一种加工方法。铰孔是孔的精加工方法之一，加工精度可达 IT9～IT7 级，表面粗糙度一般达 $Ra1.6$～0. 8 μm。常用于直径不很大、硬度不太高的工件孔的精加工，也可用于磨孔或研孔前的预加工。机铰生产率高，劳动强度小，适用于大批大量生产。

（一）铰刀的结构和种类

铰刀是多刃切削刀具，大部分由工作部分及柄部组成，如图 2-52 所示。工作部分主要起切削和校准功能，校准处直径有倒锥度。而柄部则用于被夹具夹持，有直柄和锥柄之分。

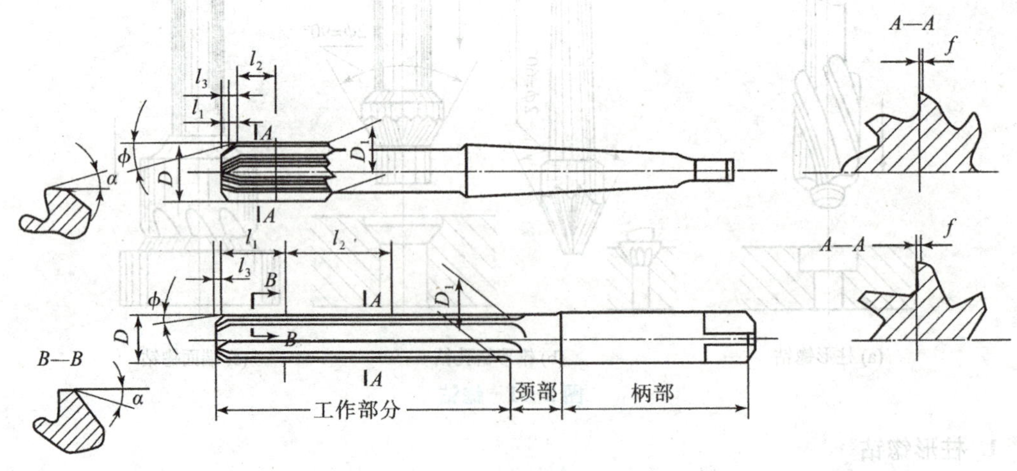

图 2-52　铰刀的结构

铰刀按使用方法分手用和机用两种；按铰孔的形状分圆柱形、圆锥形和阶梯形三种；按装夹方法分带柄式和套装式两种；按齿槽的形状分直槽和螺旋槽两种。铰刀的分类如图 2-53 所示。

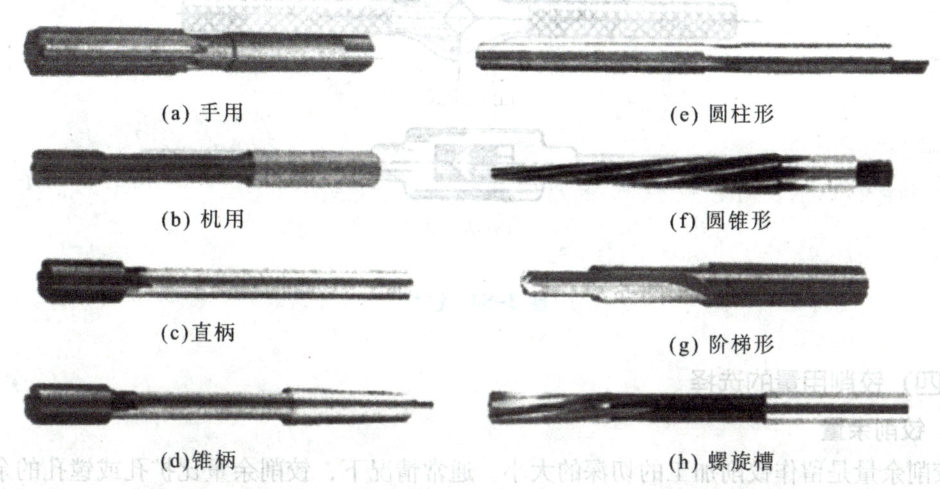

图 2-53 铰刀的类型

(二) 铰刀在使用中的研磨

铰刀在使用中可以采用手工研磨，它对于提高和保持铰刀的良好切削性能起着重要的作用。研磨方法及注意事项如下：

① 铰刀在使用中磨损最严重的部位是切削部分与校准部分的过渡处，当此处因磨损而破坏了刃口之后，就应在工具磨床上进行修磨。

② 研磨或修磨后的铰刀，为了使切削刃顺利地过渡到校准部分，还需用油石仔细地将过渡处的尖角修成小圆弧，并要求各齿大小一致，以免因小圆弧半径不一样而产生偏摆。

③ 铰刀刃口有毛刺或黏附切屑时，要用油石小心地磨掉。

④ 切削刃后面磨损不严重时，用油石沿切削刃的垂直方向轻轻推动，加以修光。但研磨时，不能将油石沿切削刃方向推动。因为这样推动容易使油石产生沟痕，稍有不慎就可能将刀齿刃口磨圆，从而降低其切削性能。

⑤ 刀齿前面需要研磨时，应将油石贴紧在前面上，沿齿槽方向轻轻推动，特别应注意不要损伤刃口。

⑥ 铰刀在研磨时，切勿将刃口研凹下去，要保持铰刀原有的几何形状。

⑦ 研磨高速钢铰刀时，一般可用 W14、中硬 2Y 或硬 Y 的白色氧化铝油石；研磨硬质合金铰刀时，可用碳化硅油石。

(三) 铰杠

手铰时，用来夹持铰刀柄部的方榫，带动铰刀旋转的工具称为铰杠。常用的铰杠有固定式和可调式两种，如图 2-54 所示。

固定式铰杠的方孔尺寸与柄长有一定规格，适用范围小。可调式铰杠的方孔尺寸可以调

节，适用范围广泛。可调式铰杠的规格用长度表示，使用时应根据铰刀尺寸合理选用。

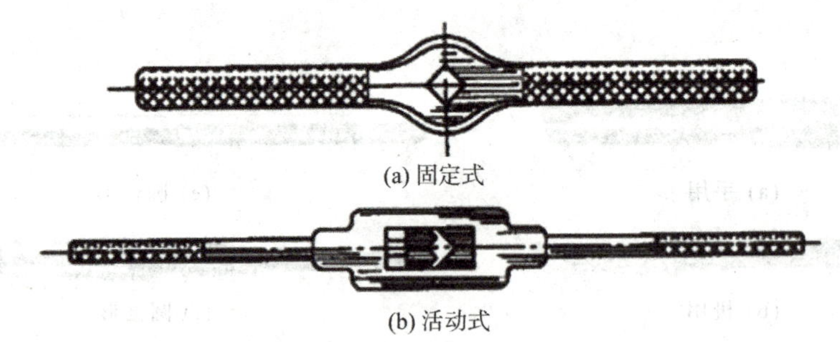

图 2-54　铰杠

（四）铰削用量的选择

1. 铰削余量

铰削余量是留作铰削加工的切深的大小。通常情况下，铰削余量比扩孔或镗孔的余量要小。铰削余量太大会增大切削压力而损坏铰刀，导致加工表面粗糙度很差；铰削余量太小也会使铰刀过早磨损，不能正常切削，使表面质量变差。余量过大时可采取粗铰和精铰分开的方法，以保证技术要求。

一般铰削余量为 0.1～0.25 mm，对于较大直径的孔，余量不能大于 0.3 mm。对于硬材料和一些航空材料，铰孔余量通常要取得更小些。

2. 铰孔的进给量

铰孔的进给量比钻孔要大，通常为钻孔的 2～3 倍。但进给量增加时，孔的表面粗糙度 *Ra* 值也会增大。进给量过小时，径向摩擦力的增大，铰刀会迅速磨损引起颤动，使孔的表面质量下降。

用标准高速钢铰刀加工钢件，如想要得到表面粗糙度 *Ra*0.63，则进给量不能超过 0.5 mm/r；对于铸铁件，则可增加至 0.85 mm/r。

3. 铰削时的主轴转速

铰削用量各要素对铰孔的表面粗糙度均有影响，其中以铰削速度影响最大。用高速钢铰刀加工中碳钢工件时，为了避免产生积屑瘤，铰削速度不应超过 5 m/min；而铰削铸铁时，因切屑断为粒状，不会形成积屑瘤，故速度可以提高到 8～10 m/min。

通常铰孔的主轴转速可选为同材料上钻孔主轴转速的 2/3。例如，如果钻孔主轴转速为 500 r/min，那么铰孔主轴转速定为它的 2/3 即 330 r/min 比较合理。

（五）冷却润滑

铰孔时，应根据零件材质选用切削液进行润滑和冷却，以减少摩擦和散发热量，同时将切屑及时冲掉。切削液的选择可参考表 2-7。

表 2-7 铰孔时的切削液

工件材料	切削液
钢	(1) 10%～15%乳化液或硫化乳化液 (2) 铰孔要求较高时，采用 30%菜油加 70%乳化液 (3) 高精度铰削时，可用菜油、柴油、猪油
铸铁	(1) 一般不用 (2) 用煤油，使用时注意孔径收缩量最大可达 0.02～0.04 mm (3) 低浓度乳化油水溶液
铜	乳化油水溶液
铝	煤油

（六）铰削方法和步骤

铰削的方法分手工铰削和机动铰削两种。手工铰削的方法步骤如下：

① 将工件装夹牢固。

② 选用适当的切削液，铰孔前先涂一些在孔表面及铰刀上。

③ 铰孔时两手用力要均匀，只按顺时针方向转动。

④ 铰孔时施于铰刀上的压力不能太大，要使进给量适当且均匀。

⑤ 铰完孔后，仍按顺时针方向退出铰刀。

⑥ 铰圆锥孔时，对于锥度小、直径小而且较浅的圆锥孔，可先按锥孔小端直径钻孔，然后用锥铰刀铰孔。对于锥度大、直径大而且较深的孔，应先钻出阶梯孔，再用锥铰刀铰削。预钻阶梯孔如图 2-55 所示。

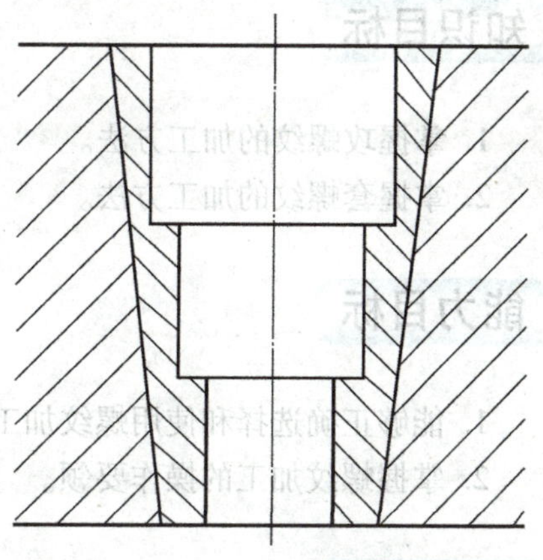

图 2-55 预钻阶梯孔

（七）铰削注意事项

① 工件要夹正，对薄壁零件的夹紧力不要过大。手铰过程中，两手用力要均衡，旋转速度要均匀，铰刀不得摇晃，以免在孔口处出现喇叭口或将孔径扩大。

② 手铰工件时，要轻压铰杠，使铰刀缓慢引进孔内并均匀进给，以保证达到表面粗糙度的要求。

③ 一般手用铰刀的齿距在圆周上是不均匀分布的，手铰时要注意变化每一次的停歇位置，以消除铰刀常在同一处停歇而造成的振痕。

④ 铰削过程中铰刀被卡住时，不能用力扳转铰杠，而应取出铰刀，清除切屑，加注切削液后再缓慢进给。

⑤ 铰削钢料时，要注意清除粘在刀齿上的切屑，并可用油石修光切削刃，避免孔壁被

拉毛。

⑥ 铰孔时，不论进、退刀都不能反转，防止刃口磨钝及切屑轧在孔壁与刀齿后刀面形成的楔形腔内，将孔壁划伤，甚至挤崩刀刃。

⑦ 机铰时要注意检查机床主轴、铰刀和被加工孔之间的同轴度是否符合要求。机铰完成后，要在铰刀退出后再停车，以避免在孔壁留下刀痕。

⑧ 铰尺寸较小的圆锥孔时，可先以小端直径按圆柱孔精铰余量钻出底孔，然后用锥铰刀铰削。对尺寸和深度较大的圆锥孔，为减小切削余量，铰孔前可先钻出阶梯孔，然后再用锥铰刀铰削。铰削过程中要经常用相配的锥销检查铰孔尺寸。

任务七　螺纹加工

知识目标

1. 掌握攻螺纹的加工方法。
2. 掌握套螺纹的加工方法。

能力目标

1. 能够正确选择和使用螺纹加工工具。
2. 掌握螺纹加工的操作要领。

相关知识

一、攻螺纹

用丝锥在工件孔中切削出内螺纹的加工方法称为攻螺纹，俗称攻丝，如图 2-56 所示。

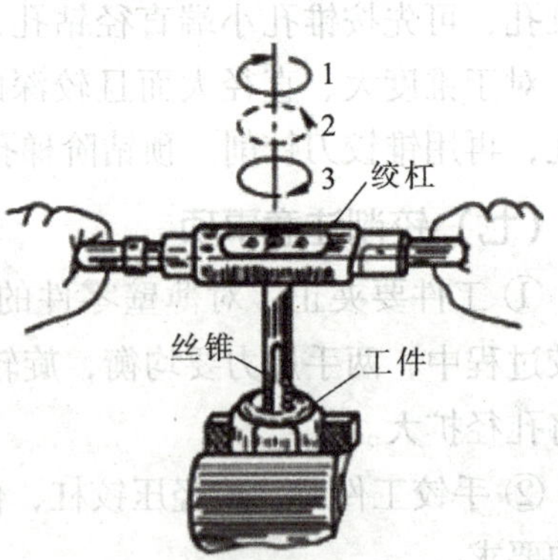

图 2-56　攻螺纹

(一) 攻螺纹工具

1. 丝锥

丝锥是加工内螺纹的工具，主要分为机用丝锥与手用丝锥。

(1) 丝锥的结构

丝锥的主要构造如图 2-57 所示，由工作部分和柄部构成，其中工作部分包括切削部分和校准部分。丝锥的柄部做有方榫，以便于夹持。

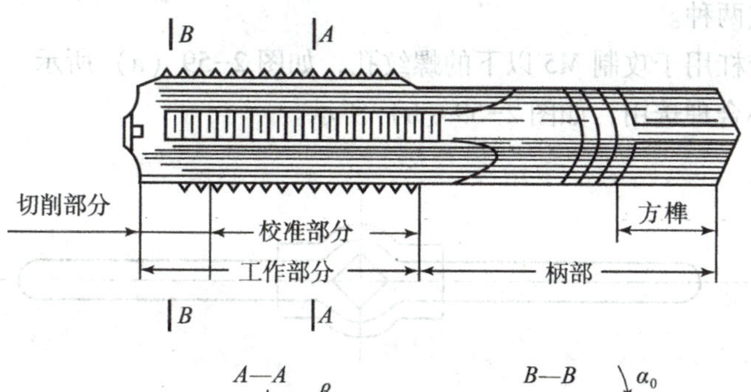

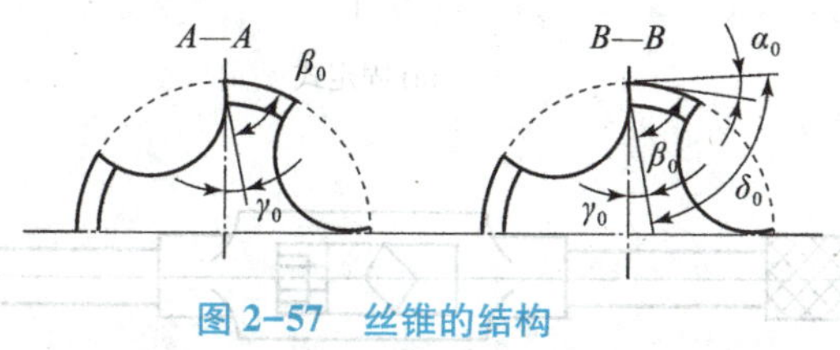

图 2–57 丝锥的结构

为了减少切削力，通常使用成套丝锥将整个切削量分配给几支丝锥。丝锥切削量的分配形式有锥形分配和柱形分配两种，如图 2–58 所示。锥形分配成套丝锥中的每支丝锥校准部分的大径、中径和小径尺寸都相同，只是切削部分的切削锥角及长度不同；柱形分配成套丝锥中的每支丝锥的大径和小径尺寸都不同，而且切削部分的切削锥角及长度也不同。锥形分配的丝锥在攻通孔时，用头锥一次即可完成，其二锥或三锥只在攻不通孔和交叉攻螺纹时才起作用；使用柱形分配的螺纹锥时要依次进行，只有在攻完后才算完成攻螺纹。这种分配形式使切削省力，攻螺纹质量也高，但效率低，一般用于大于或等于 M12 的丝锥。

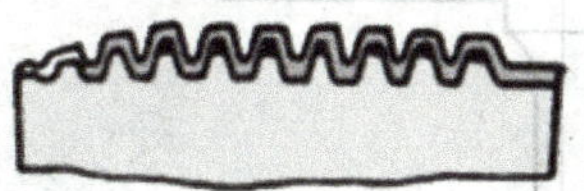
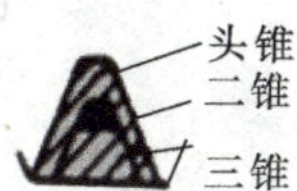

图 2–58 丝锥切削量分配

（2）丝锥的选用

丝锥的种类很多，常用的有机用丝锥、手用丝锥、圆柱管螺纹丝锥、圆锥管螺纹丝锥等。机用丝锥由高速钢制成，其螺纹公差带分 H1、H2 和 H3 三种；手用丝锥是指碳素工具钢的滚牙丝锥，其螺纹公差带为 H4。

丝锥的选用原则参见表 2–8。

表 2–8 丝锥的选用

丝锥公差带代号	被加工螺纹公差等级	丝锥公差带代号	被加工螺纹公差等级
H1	5H、6H	H3	7G、6H、6G
H2	6H、5G	H4	7H、6H

2. 铰杠

铰杠是手工攻螺纹时用来夹持丝锥的工具，分普通铰杠和丁字铰杠两类。各类铰杠又分

为固定式和活络式两种。

固定式普通铰杠用于攻制 M5 以下的螺纹孔，如图 2-59（a）所示。可调式普通铰杠应根据丝锥尺寸大小合理选用，如图 2-59（b）所示。

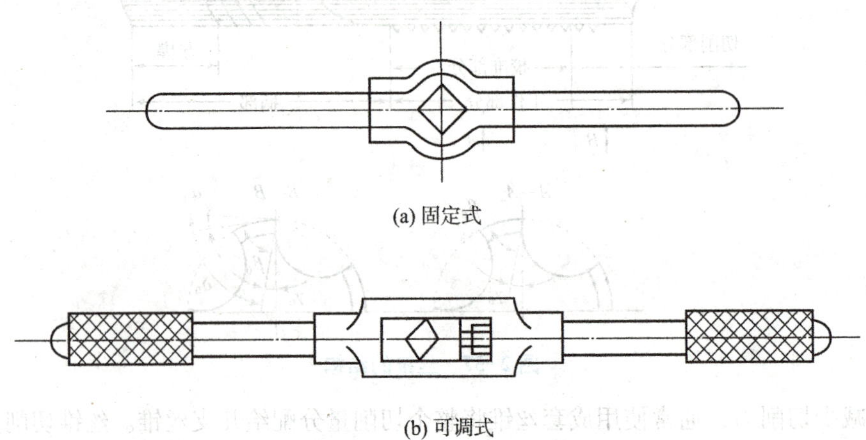

(a) 固定式

(b) 可调式

图 2-59　普通铰杠

丁字铰杠主要用于攻工件凸台旁的螺纹或箱体内部的螺纹，如图 2-60 所示，一般用于 M6 以下丝锥。大尺寸的丝锥一般用固定式，通常是按需要制成专用的。

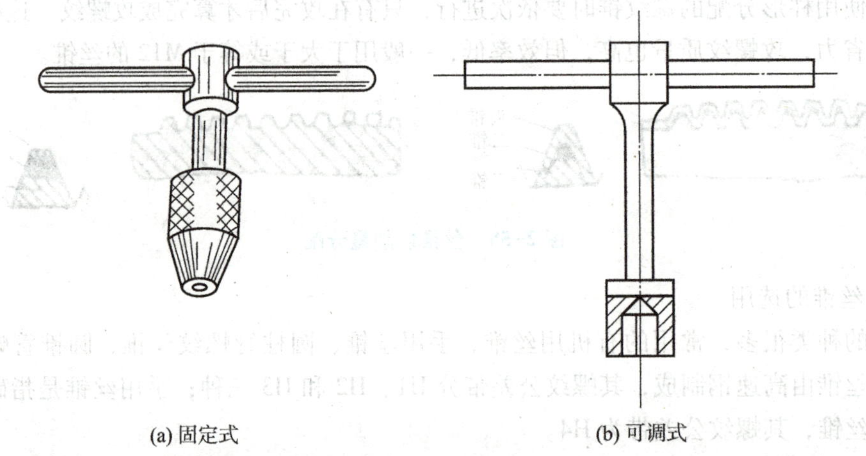

(a) 固定式　(b) 可调式

图 2-60　丁字铰杠

3. 攻螺纹前底孔直径的确定

攻螺纹前底孔直径的确定十分重要，它对攻螺纹的加工质量和工艺性的好坏有很大影响。若底孔直径太大，则攻出的螺纹浅，强度降低；若底孔直径太小，则会使丝锥卡在孔中并容易折断。因此，底孔的直径必须要大于丝锥的小径。

对于普通螺纹来说，底孔直径可根据下列经验公式计算得出：

脆性材料：　$D_0=D-1.1P$

韧性材料：　$D_0=D-P$

式中　D_0——攻螺纹前底直径；

D——螺纹公称直径；

P——螺距。

（二）攻螺纹时的操作要点与注意事项

1. 攻螺纹的操作要点

① 在螺纹底孔的孔口处要倒角，通孔螺纹的两端均要倒角，这样可以保证丝锥比较容易切入，并防止孔口出现挤压出的凸边。

② 起攻时应使用头锥。用手掌按住铰杠中部，沿丝锥轴线方向加压用力，另一手配合做顺时针旋转；或两手握住铰杠两端均匀用力，并将丝锥顺时针旋进。起攻方法如图 2-61 所示。操作中一定要保证丝锥中心线与底孔中心线重合，不能歪斜。

③ 当丝锥切削部分全部进入工件时，不要再施加压力，只需靠丝锥自然旋进切削。此时，两手要均匀用力，铰杠每转 1/2～1 圈，应倒转 1/4～1/2 圈断屑。

④ 攻螺纹时必须按头锥、二锥、三锥的顺序攻削，以减小切削负荷，防止丝锥折断。

⑤ 攻不通孔螺纹时，可在丝锥上做上深度标记，并经常退出丝锥，将孔内切屑清除，否则会因切屑堵塞而折断丝锥或攻不到规定深度。

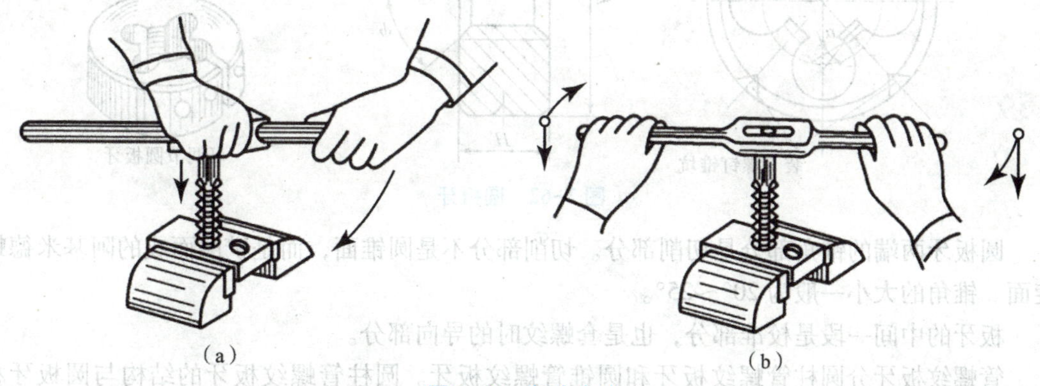

图 2-61 起攻方法

2. 攻螺纹的注意事项

① 转动铰杠时，操作者的两手用力要平衡，切忌用力过猛和左右晃动，否则容易将螺纹牙型撕裂和导致螺纹孔扩大及出现锥度。

② 攻螺纹时，如感到很费力，切不可强行攻螺纹，应将丝锥倒转，使切屑排除，或用二锥攻削几圈，以减轻头锥切削部分的负荷，然后再用头锥继续攻螺纹。若仍然很吃力，则说明切削不正常或丝锥磨损，应立即停止攻螺纹，查找原因，否则丝锥有折断的可能。

③ 攻不通孔螺纹时，当末锥攻完，用铰杠带动丝锥倒旋松动后，应用手将丝锥旋出，不宜用铰杠旋出丝锥，尤其不能用一只手快速拨动铰杠来旋出丝锥。因为攻完的螺纹孔和丝锥的配合较松，而铰杠又重，若用铰杠旋出丝锥，则容易产生摇摆和振动，从而破坏螺纹的表面粗糙度。攻削通孔螺纹时，丝锥的校准部分尽量不要全部出头，以免扩大或损坏最后的几扣螺纹。

④ 攻削不通的螺孔时，要经常把丝锥退出，将切屑清除，以保证螺纹孔的有效长度。

二、套螺纹

用板牙在圆棒上切出外螺纹的加工方法称为套螺纹。单件小批生产中采用手动套螺纹，大批量生产中则多采用机动（在车床或钻床上）套螺纹。

1. 板牙

板牙是套螺纹的工具，分为圆板牙和管螺纹板牙。

圆板牙是加工外螺纹的工具，由切削部分、校准部分和排屑孔组成，其外形像一个圆螺母，在它上面钻有几个排屑孔（一般有 3～8 个孔，螺纹直径大则孔多）形成切削刃，如图 2-62 所示。

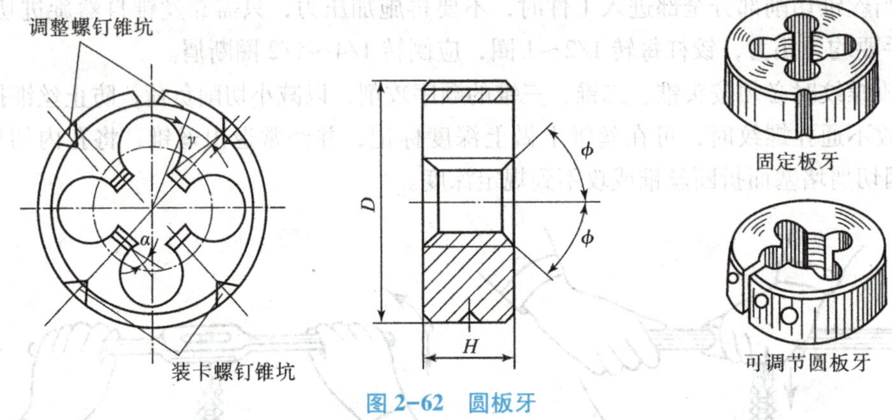

图 2-62　圆板牙

圆板牙两端的锥角部分是切削部分。切削部分不是圆锥面，而是铲磨而成的阿基米德螺旋面。锥角的大小一般为 20°～25°。

板牙的中间一段是校准部分，也是套螺纹时的导向部分。

管螺纹板牙分圆柱管螺纹板牙和圆锥管螺纹板牙。圆柱管螺纹板牙的结构与圆板牙相仿。圆锥管螺纹板牙的基本结构也与圆板牙相仿，如图 2-63 所示，但在单面制成切削锥，

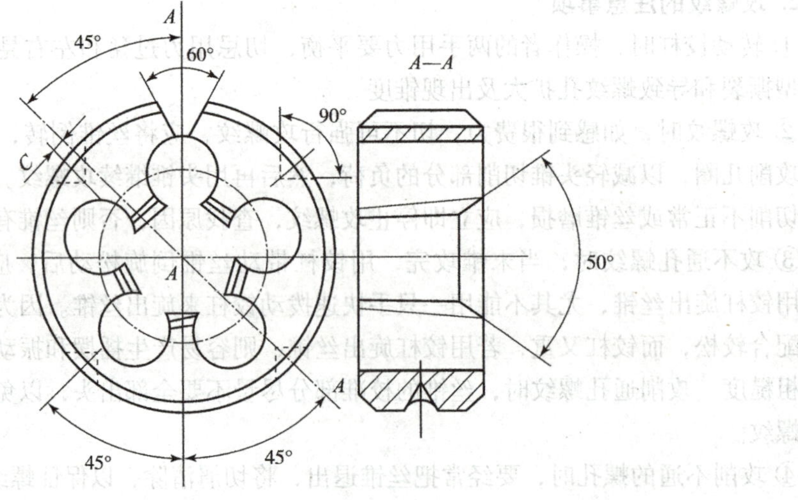

图 2-63　圆锥管螺纹板牙

故只能单面使用。圆锥管螺纹板牙所有切削刃均参加切削，所以切削时很费力。板牙的切削长度影响圆锥管螺纹牙型尺寸，因此套螺纹时要经常检查，不能使切削长度超过太多，相配件旋入后能满足要求即可。

2. 板牙架

板牙架是手工套螺纹时的辅助工具，如图 2-64 所示。板牙架外圆旋有四只紧定螺钉和一只调整螺钉。使用时，紧定螺钉将板牙紧固在板牙架中，并传递套螺纹的转矩。当使用的圆板牙带有 V 形调整通槽时，通过调节上面两只紧定螺钉和调整螺钉，可使板牙在一定范围内变动。

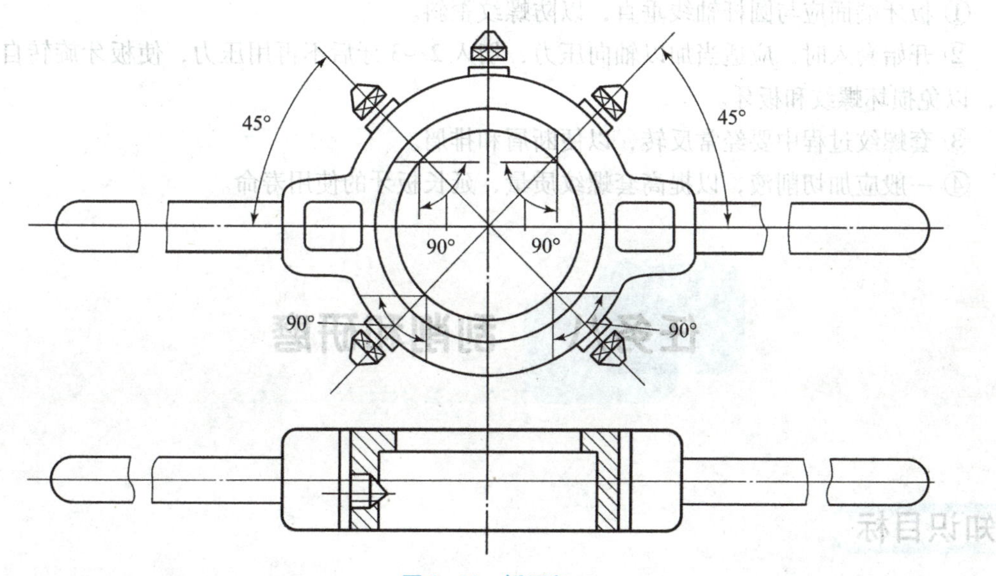

图 2-64 板牙架

3. 圆杆直径的确定

套螺纹前圆杆直径的确定方法与用丝锥攻螺纹时螺纹底孔直径的确定方法一样。用板牙在工件上套螺纹时，材料同样因受到挤压而变形，牙顶将被挤高一些。因此圆杆直径应稍小于螺纹大径的尺寸。圆杆直径可根据螺纹直径和材料的性质查表选择。一般硬质材料圆杆直径可大些，软质材料圆杆直径可稍小些。

套螺纹圆杆直径也可用经验公式来确定，即

$$d_0=d-1.3P$$

式中 d_0——套螺纹前圆杆直径（mm）；

d——螺纹大径（mm）；

P——螺距（mm）。

4. 套螺纹的方法

① 为使板牙容易对准工件和切入工件，圆杆端都要倒成斜度为 15°的锥体。锥体的最小直径可以略小于螺纹小径，使切出的螺纹端部避免出现锋口和卷边而影响螺母的拧入。

② 为了防止圆杆夹持出现偏斜和夹出痕迹，圆杆应装夹在用硬木制成的 V 形钳口或软金属制成的衬垫中，在夹衬垫时圆杆套螺纹部分离钳口要尽量近。

③ 套螺纹时应保持板牙端面与圆杆轴线垂直，否则套出的螺纹两面会有深有浅，甚至乱扣。

④ 在开始套螺纹时，可用手掌按住板牙中心，适当施加压力并转动板牙架。当板牙切入圆杆 1～2 圈时，应目测检查和校正板牙的位置。当板牙切入圆杆 3～4 圈时，应停止施加压力，平稳地转动板牙架，靠板牙螺纹自然旋进套螺纹。

⑤ 为了避免切屑过长，套螺纹过程中板牙应经常倒转。

⑥ 在钢件上套螺纹时要加切削液，以延长板牙的使用寿命，减小螺纹的表面粗糙度。

5. 套螺纹的注意事项

① 板牙端面应与圆杆轴线垂直，以防螺纹歪斜。

② 开始套入时，应适当加以轴向压力，切入 2～3 牙后不再用压力，使板牙旋转自然切入，以免损坏螺纹和板牙。

③ 套螺纹过程中要经常反转，以便断屑和排屑。

④ 一般应加切削液，以提高套螺纹质量，延长板牙的使用寿命。

任务八 刮削和研磨

知识目标

1. 掌握刮削的基础知识。
2. 掌握研磨的基础知识。

能力目标

1. 能够正确选用和使用刮刀。
2. 掌握平面刮削的操作要领，并能进行精度检验。
3. 能够正确选择研磨剂和研具。
4. 能正确进行研磨操作，并选择合适的检验方法进行检验。

相关知识

一、刮削

（一）刮削概述

刮削是用刮刀在工件表面上刮去一层很薄的金属，以提高工件加工精度的切削方法，如

图 2-65 所示。将工件与标准工具或与其配合的工件之间涂上一层显示剂，经过对研，使工件上较高的部位显示出来，然后用刮刀进行微量切削，刮去较高部位的金属层。经过这样反复地对研和刮削，工件就能达到规定的形状和精度要求。

刮削具有切削量小、切削力小、切削热小和切削变形小等特点，所以能获得很高的尺寸精度、形位精度、接触精度、传动精度和很小的表面粗糙度值。刮削时，刮刀对工件既有切削作用，又有挤压作用，因此经过刮削后的工件表面组织比原来致密，硬度提高。刮削后的表面形成微浅的凹坑，创造了良好的存油条件，有利于润滑和减少摩擦。因此，机床上的导轨、滑板、滑座、轴瓦、工具、量具等的接触表面常用刮削的方法进行加工。

刮削可分为平面刮削和曲面刮削两种。平面刮削有单个平面（如平板、工作台）和组合平面（如 V 形导轨、燕尾槽面等）；曲面刮削有内圆柱面、内圆锥面和球面刮削。

（二）刮削工具

1. 刮刀

刮刀是刮削的主要工具，如图 2-66 所示。刮刀要求刀头部分硬度足够大，刃口锋利。刮刀通常用碳钢、轴承钢或硬质合金等材料制成，硬度可以达到 60HRC 左右。

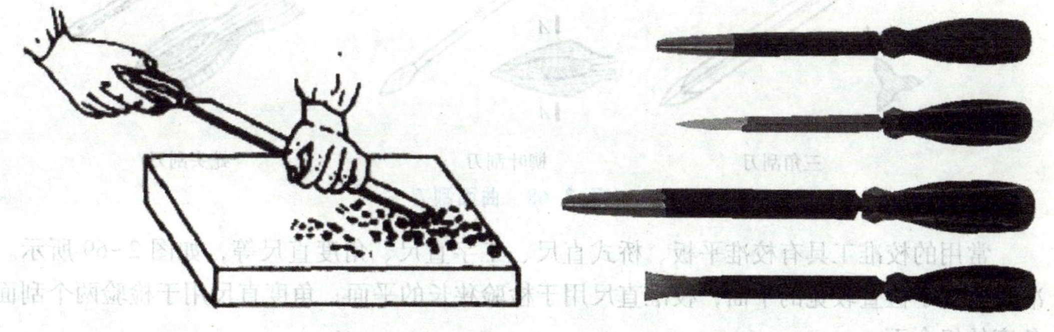

图 2-65　刮削　　图 2-66　刮刀

按照用途不同，刮刀可以分为平面刮刀和曲面刮刀两大类；按所刮表面的精度要求不同，刮刀可分为粗刮刀、细刮刀、精刮刀三种；按形状不同，刮刀可分为三角刮刀、蛇头刮刀、柳叶刮刀、半圆头刮刀等。

（1）平面刮刀

平面刮刀用于刮削平面和外曲面，多采用 T10A、T12A 钢制成。当工件表面较硬时，也可用焊接高速钢或硬质合金刀头制成。常用的平面刮刀有直头和弯头两种，如图 2-67 所示。

（2）曲面刮刀

曲面刮刀用于刮削内曲面，常用的有三角刮刀、蛇头刮刀和柳叶刮刀，如图 2-68 所示。

2. 校准工具

校准工具是用来研点和检查被刮削面准确性的工具，也称研具。校准工具与刮削表面磨合，以接触点的大小和分布的疏密程度来显示刮削平面的平整程度，为后续刮削提供依据。

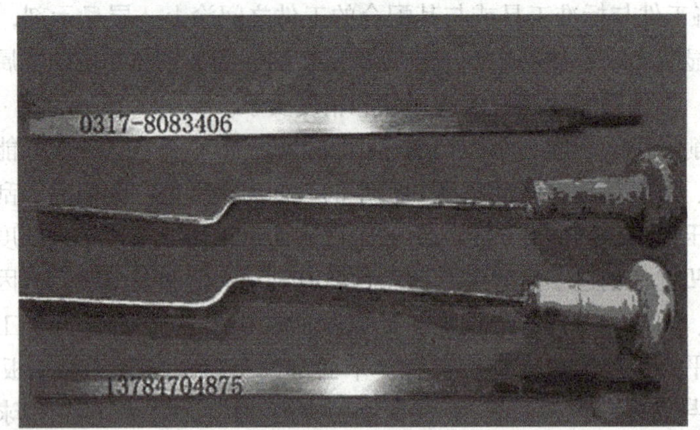

图 2-67　平面刮刀

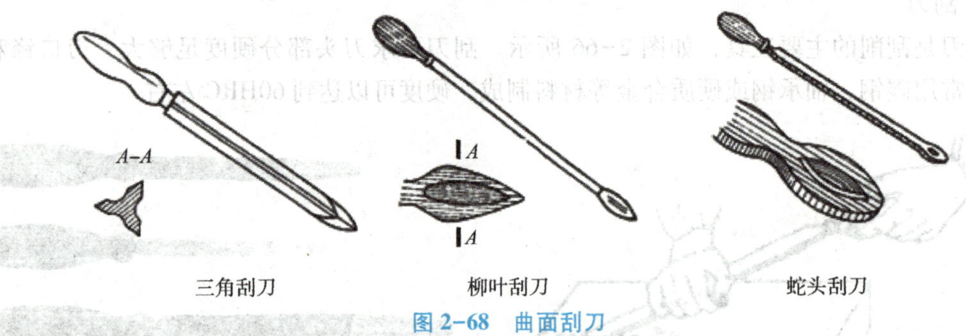

图 2-68　曲面刮刀

常用的校准工具有校准平板、桥式直尺、工字直尺、角度直尺等，如图 2-69 所示。校准平板用于检查较宽的平面；校准直尺用于检验狭长的平面；角度直尺用于检验两个刮面成角度的组合面。

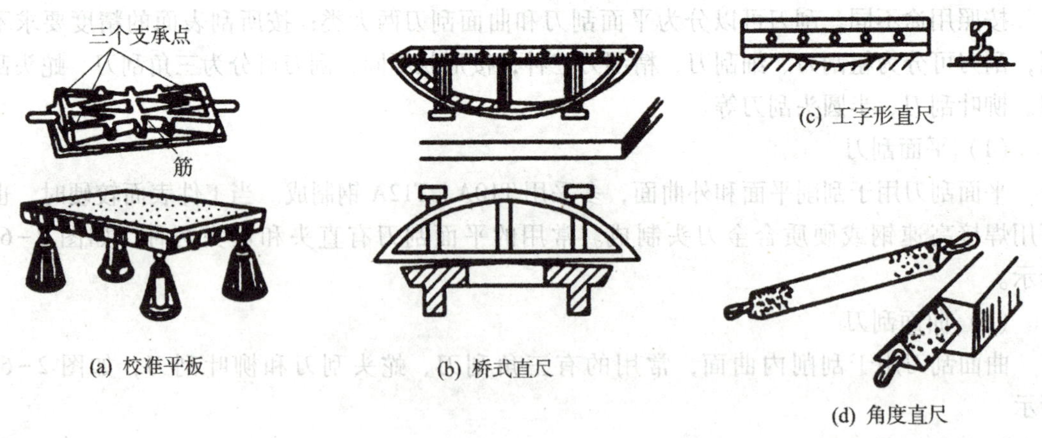

图 2-69　刮平面时的校准工具

检验各种曲面，一般是用与其相配合的零件作为标准工具。如检查内曲面刮削质量时，校准工具一般是采用与其配合的轴。

3. 显示剂的种类及用法

工件和校准工具对研时，所加的涂料称为显示剂，其作用是显示工件误差的位置和大小。常用的显示剂有红丹粉和蓝油。

（1）红丹粉

红丹粉分铅丹（氧化铅，呈橘红色）和铁丹（氧化铁，呈红褐色）两种，颗粒较细，用机油调和后使用，广泛用于钢和铸铁工件的刮削。

（2）蓝油

蓝油用蓝粉和蓖麻油及适量机油调和而成，呈深蓝色，显示的研点小而清楚，多用于精密工件和有色金属及其合金工件的刮削。

刮削时，显示剂可以涂在工件表面上，也可以涂在校准件上。粗刮时，可调得稀些，这样显示出的研点较大，便于刮削；精刮时，可调得稍稠些，应薄而均匀，这样显示出的研点细小，便于提高刮削精度。

（三）刮削方法

1. 平面刮削方法

平面刮削方法有推刮法和挺刮法两种操作方法，如图 2-70 所示。

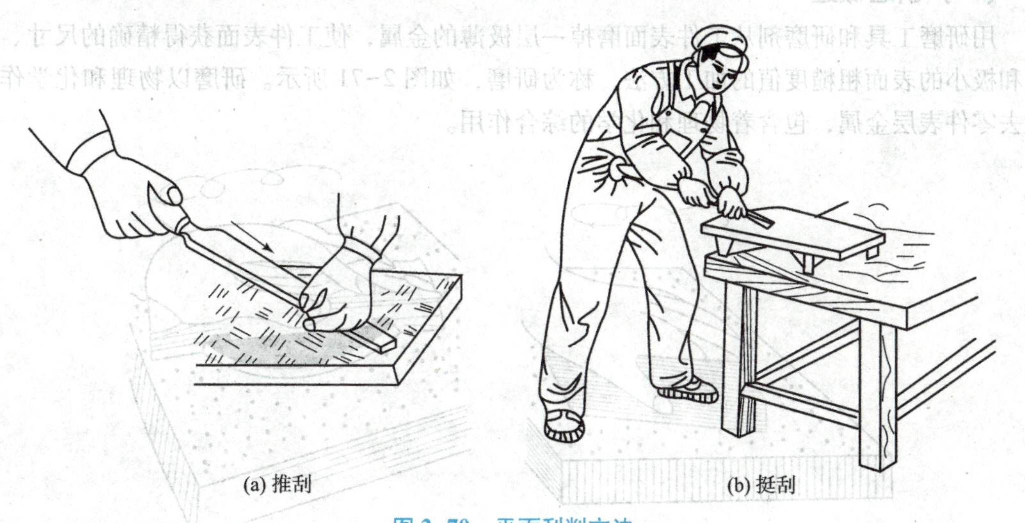

图 2-70 平面刮削方法

（1）推刮操作法

用推刮法操作时，右手握刮刀柄，左手四指向下卷曲握住刮刀近头部约 50 mm 处，刮刀和刮面成 25°～30°角，左脚向前跨一步，上身随着推刮而向前倾斜；右臂利用上身摆动使刮刀向前推进，同时左手下压，引导刮刀前进。当推进到所需距离后，左手迅速提起，这样就成了一个手刮动作。

这种刮削方法动作灵活，适应性强，适合于各种工作位置，对刮刀长度的要求不太严格，姿势可合理掌握，但手易疲劳，因此不宜在加工余量较大的场合采用。

(2) 挺刮操作法

用挺刮法操作时，先将刮刀柄放在小腹右下侧；双手握住刀身，左手在前，右手在后，左手握于距刀刃约 80 mm 处；刀刃对准研点，左手下压，利用腿部和臀部的力量将刮刀向前推进。当推进到所需距离后，用双手迅速将刮刀提起，这样就完成了一个挺刮动作。

挺刮法用下腹肌肉施力，每刀切削量较大，一般适合大余量的刮削，工作效率较高，但需要弯曲身体操作，故腰部易疲劳。

2. 刮削步骤

平面刮削一般要经过粗刮、细刮、精刮和刮花四个步骤。

① 粗刮是用粗刮刀在刮削面上均匀地铲去一层较厚的金属，可以采用连续推铲的方法，刀迹要连成长片。25 mm×25 mm 的方框内有 2～3 个研点。

② 细刮是用精刮刀在刮削面上刮去稀疏的大块研点（俗称破点），每 25 mm×25 mm 的方框内有 12～15 个研点。

③ 精刮就是用精刮刀更仔细地刮削研点（俗称摘点），每 25 mm×25 mm 的方框内有 20 个以上研点。

④ 刮花是在刮削面或机器外观表面上用刮刀刮出装饰性花纹。

二、研磨

（一）研磨概述

用研磨工具和研磨剂从工件表面磨掉一层极薄的金属，使工件表面获得精确的尺寸、形状和极小的表面粗糙度值的加工方法，称为研磨，如图 2-71 所示。研磨以物理和化学作用除去零件表层金属，包含着物理和化学的综合作用。

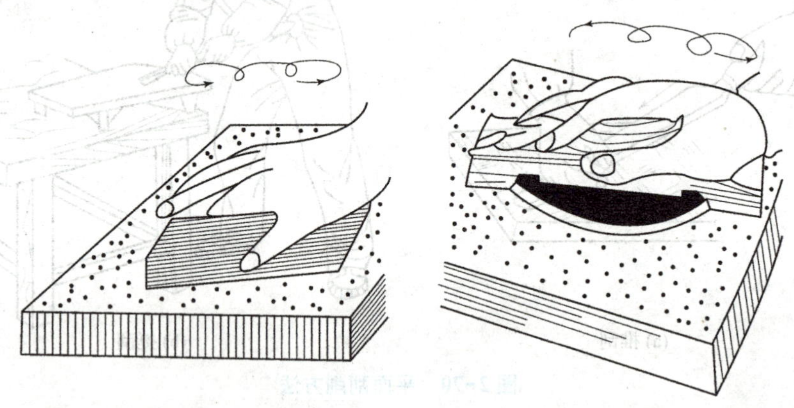

图 2-71　研磨

研磨可以获得其他加工方法难以达到的尺寸精度和形状精度，且容易获得极小的表面粗糙度。工件通过研磨后的尺寸精度可达到 0.005～0.001 mm，表面粗糙度为 *Ra*0.1～1.6 μm。经研磨后的零件能提高表面的耐磨性、抗腐蚀能力和疲劳强度，从而延长了零件的使用寿命。

研磨还具有操作方法简单、不需要复杂的设备、被加工材料适应范围广等特点，适用于多品种小批量的产品零件加工。

（二）研具

研磨工具简称研具，其作用是使研磨剂赖以暂时固着或获得一定的研磨运动，并将自身的几何形状按一定的方式传递到工件上。研具是保证被研磨工件几何形状精度的重要因素，因此，对研具材料、精度和表面粗糙度都有较高的要求。

1. 研具材料

研具材料的组织要细致均匀，要有很高的稳定性和耐磨性。研具工作面的硬度应比工件表面硬度稍软，具有较好的嵌存磨料的性能。常用的研磨材料有以下几种。

（1）灰铸铁

灰铸铁具有硬度适中、嵌入性好、价格低和研磨效果好等特点，是一种应用广泛的研磨材料。

（2）球墨铸铁

球墨铸铁比灰铸铁嵌入性更好，且更加均匀、牢固，常用于精密工件的研磨。

（3）软钢

软钢韧性较好，不易折断，常用来制作小型工件的研具。

（4）铜

铜的性质较软、嵌入性好，常用来制作研磨软钢类工件的研具。

2. 研具的类型

研磨工具主要有研磨平板、研磨棒、研磨环、研磨直尺、研磨盘和油石等，如图 2-72 所示。

常用研磨工具的适用场合见表 2-9。

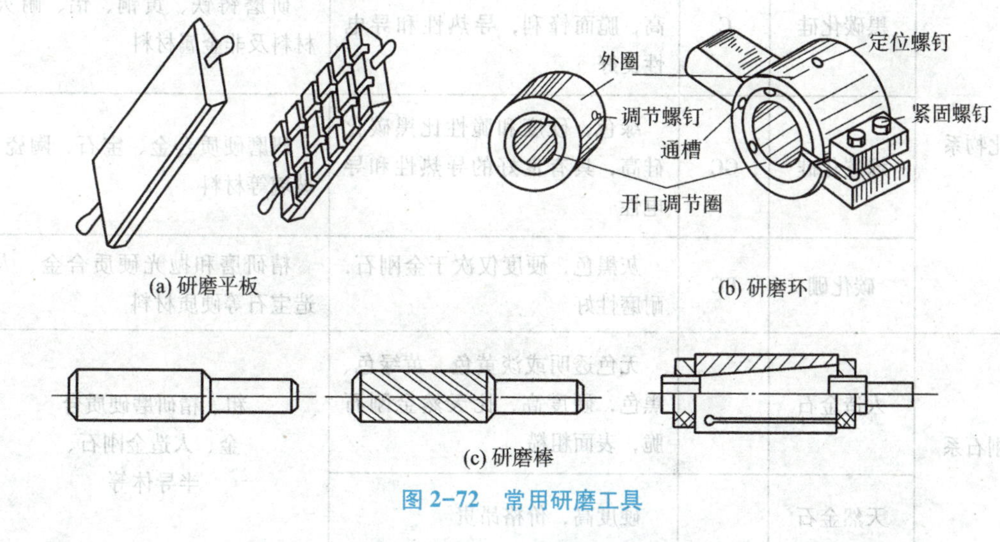

图 2-72 常用研磨工具

表 2-9 常用研磨工具的适用场合

研磨工具	适用场合	研磨工具	适用场合
研磨平板	研磨平面	研磨环	研磨外圆
研磨直尺	研磨平面	研磨棒	研磨内孔
研磨盘	研磨平面	油石	工件形状比较复杂；没有合适的研具

（三）研磨剂

研磨剂是由磨料和研磨液调和而成的混合剂。正确地使用研磨剂，能够提高研磨的效率和质量。

1. 磨料

磨料在研磨中起切削作用，研磨效率、研磨精度和磨料有密切的关系。常用磨料的系列与用途见表 2-10。

表 2-10 常用磨料的系列与用途

系列	磨料名称	代号	特性	适用范围
氧化铝系	棕刚玉	A	棕褐色，硬度高，韧性大，价格便宜	粗、精研磨钢、铸铁和黄铜
	白刚玉	WA	白色，硬度比棕刚玉高，韧性比棕刚玉差	精研磨淬火钢、高速钢、高碳钢及薄壁零件
	铬刚玉	PA	玫瑰红或紫红色，韧性比白刚玉高，磨削粗糙度值低	研磨量具、仪表零件等
	单晶刚玉	SA	淡黄色或白色，硬度和韧性比白刚玉高	研磨不锈钢、高钒钢等强度高韧性大的材料
碳化物系	黑碳化硅	C	黑色有光泽，硬度比白刚玉高，脆而锋利，导热性和导电性良好	研磨铸铁、黄铜、铝、耐火材料及非金属材料
	绿碳化硅	GC	绿色，硬度和脆性比黑碳化硅高，具有良好的导热性和导电性	研磨硬质合金、宝石、陶瓷、玻璃等材料
	碳化硼	BC	灰黑色，硬度仅次于金刚石，耐磨性好	精研磨和抛光硬质合金、人造宝石等硬质材料
金刚石系	人造金石		无色透明或淡黄色、黄绿色、黑色，硬度高，比天然金刚石脆，表面粗糙	粗、精研磨硬质合金、人造金刚石、半导体等
	天然金石		硬度高，价格昂贵	
其他	氧化铁		红色至暗红，比氧化铬软	精研磨或抛光钢、玻璃等材料
	氧化铬		深绿色	

2. 研磨液

研磨液使磨料在研具表面上均匀散布，承受一部分研磨压力，可以减少磨粒破碎，并兼有冷却、润滑作用。常用的研磨液是煤油、汽油、机油、动物油脂等。常用研磨液的适用场合见表 2-11。

表 2-11 常用的研磨液的适用场合

研磨液	适用场合
全损耗系统用油（机油）（10 号或 20 号）	一般工件表面
煤油	一般工件表面
猪油	极精密表面
水	玻璃、水晶表面

3. 研磨膏

目前一般工厂常用的研磨剂为研磨膏，不需要再用手调制研磨剂。研磨膏是在研磨料中加入黏结剂和润滑剂调制而成，由专门的工厂生产。使用研磨膏时应注意，粗研磨膏和细研磨膏不能混用。

（四）研磨方法

1. 平面的研磨

平面的研磨是在光滑平整的研磨平板上进行。平面研磨石的操作要点如下：

① 研磨时，工件在平板上的运动轨迹有“8”字轨迹、摆动式直线轨迹、螺旋轨迹和直线轨迹，如图 2-73 所示。

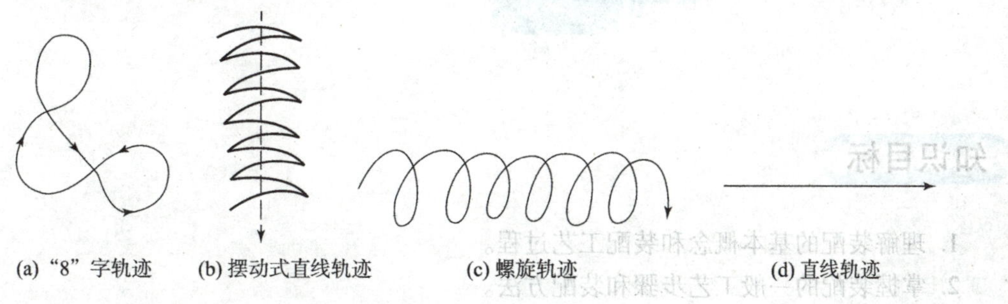

图 2-73 平面研磨轨迹

② 研磨时，工件在平板上的每一个地方都要推到，使平板磨损均匀，保持平板的精度。

③ 研磨时，加在工件上的压力要均匀，且应不时地交换工件和研具的相对位置，以免工件被研平面倾斜，研磨平板局部磨损。

2. 圆柱面的研磨

（1）外圆柱面的研磨

外圆柱面使用研磨环研磨，如图 2-74 所示。研磨时工件以一定速度转动，操作者用手握住研磨环作往复运动。

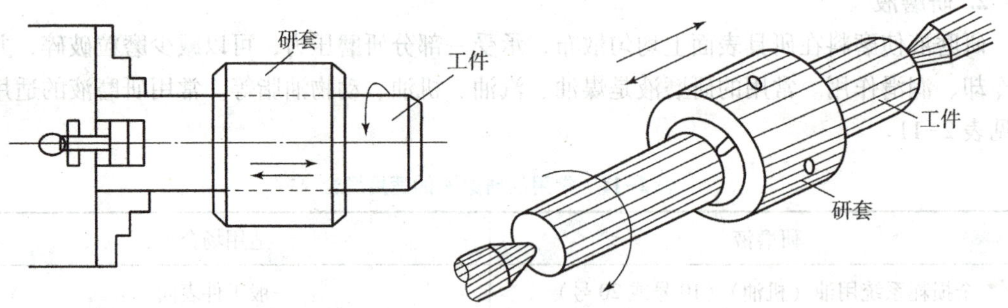

图 2-74 研磨圆柱面

（2）内圆柱面的研磨

研磨内圆柱面的方法与外圆柱面的相反。

3. 圆锥面的研磨

研磨圆锥面时，必须使用和工件具有同样锥度的研磨棒或研磨环，如图 2-75 所示。

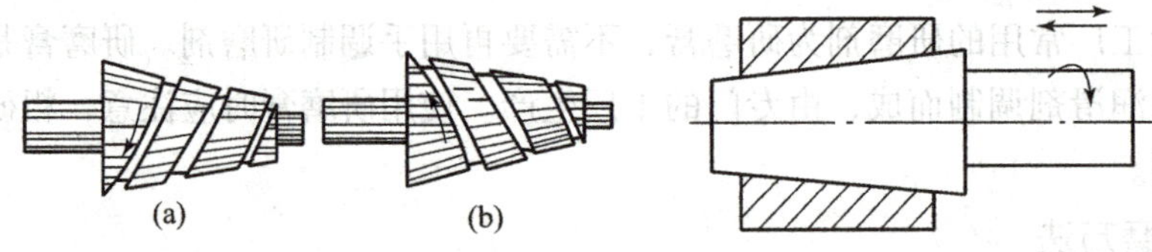

图 2-75 研磨圆锥面

任务九 装 配

知识目标

1. 理解装配的基本概念和装配工艺过程。
2. 掌握装配的一般工艺步骤和装配方法。

能力目标

1. 掌握螺纹连接的装配方法。
2. 掌握键和销连接的装配方法。
3. 掌握滚动轴承的装配方法。

相关知识

一、装配的基本概念

任何一台机器设备都是由许多零件所组成的，将若干合格的零件按规定的技术要求组合成部件，或将若干个零件和部件组合成机器设备，并经过调整、试验等成为合格产品的工艺过程称为装配。例如，一辆自行车有几十个零件组成，前轮和后轮就是部件。装配是机器制造中的最后一道工序，因此它是保证机器达到各项技术要求的关键。装配工作的好坏，对产品的质量起着重要的作用。

二、装配工艺过程

（一）装配前的准备工作

1. 准备工作一

研究、熟悉产品装配图及其他工艺文件和技术要求，了解产品结构、各零件的作用以及相互连接关系。

2. 准备工作二

确定装配方法、顺序并准备所需要的工具。

3. 准备工作三

对装配的零件进行清理和清洗，去掉零件上的毛刺、铁锈、切屑、油污。

（1）清洗液

常用的清洗液有汽油、煤油、柴油和化学清洗液等。

① 工业汽油主要用于清洗油脂、污垢和一般黏附的机械杂质，适用于清洗较精密的零部件。航空汽油用于清洗质量要求较高的零件。

② 煤油和柴油用途与汽油相似，但清洗能力不及汽油，清洗后干燥较慢，但相对安全。

③ 化学清洗剂又称乳化剂，对油脂、水溶性污垢具有良好的清洗能力。这种清洗液配制简单、稳定耐用、安全环保、以水代油节约能源，如105清洗剂、6501清洗剂，可用于冲洗钢件上以全损耗系统用油为主的油垢和机械杂质。

（2）清洗时的注意事项

① 对于橡胶制品，如密封圈等零件，严禁用汽油清洗，以防橡胶件发胀变形，而应使用清洗剂进行清洗。

② 清洗零件时，可根据不同精度的零件，选用棉纱或泡沫塑料擦拭。滚动轴承不能使用棉纱清洗，以防止棉纱搅进轴承内，影响轴承装配质量。

③ 零件在清洗工作后，应等零件上的油滴干后，再进行装配，以防油污影响装配质量。同时清洗后的零件不应放置过长时间，防止污物和灰尘再次污染零件。

④ 零件的清洗工作，根据需要可分为一次清洗和二次清洗。零件在第一次清洗后，应检查配合表面有无碰伤和划伤，齿轮的齿顶部分和棱角有无毛刺，螺纹有无损坏等。对零件的毛刺和轻微破损的部位可用磨石、刮刀、砂布、细锉刀进行修整。经过检查修整后的零件，再进行第二次清洗。

4. 准备工作四

对有些零件还需要进行刮削等修配工作，有些特殊要求的零件还要进行平衡试验、密封性实验等。

（二）装配工作

① 部件装配：将两个或两个以上的零件组合在一起或将零件与几个组件结合在一起，成为一个单元的装配工作，称为部件装配。

② 总装配：指将零件和部件结合成为一台完整产品的过程。

（三）调整、精度检验和试运行阶段

1. 调整

调节零件或机构的相互位置、配合间隙、结合松紧等。

2. 精度检验

包括几何精度检验和工作精度检验等。

3. 试运行

检验机构或机器运转的灵活性及振动、温升、噪声、转速、功率、密封性等性能是否符合要求。

（四）装配方法

为了保证机器的工作性能和精度，达到零、部件相互配合的要求，根据产品结构、生产条件和生产批量不同，其装配方法可以分为下面四种：

1. 完全互换法

装配精度由零件制造精度保证，在同类零件中任取一个，不经修配即可装入部件中，并能达到规定的装配要求。完全互换法装配的特点是装配操作简单，生产效率高，有利于组织装配流水线和专业化协作生产。由于零件的加工精度要求较高，制造费用较大，故只适用于成组件数少、精度要求不高或批量大的生产。

2. 调整法

调整法是指装配过程中调整一个或几个零件的位置，以消除零件累计误差，达到装配要求的方法，如用不同尺寸的垫片、衬套、可调节螺母或螺钉、镶条等进行调整。如图 2-76 所示。

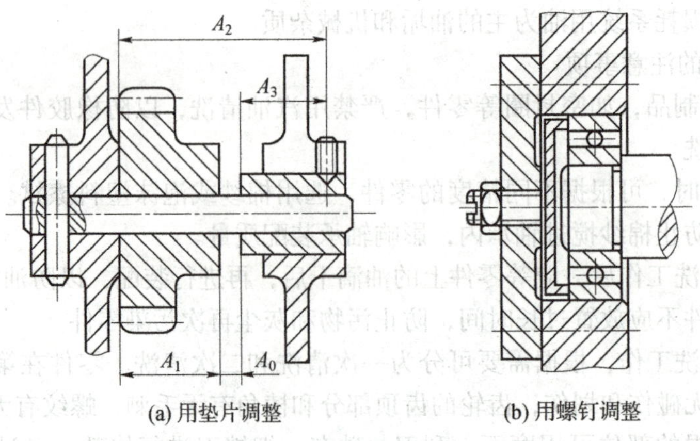

图 2-76　调整法控制间隙

调整法只靠调整就能达到装配精度的要求，并可定期调整，容易恢复配合精度，对于容易磨损及需要改变配合间隙的结构极为有利，但此法由于增设了调整用的零件，结构显得稍复杂，易使配合件刚度受到影响。

3. 选配法（不完全互换法）

将零件的制造公差适当放宽，然后选取其中相当的零件进行装配，以达到配合要求。选配法装配最大的特点是既提高了装配精度，又不增加零件的制造费用，但此法装配时间较长，有时可能造成半成品或零件的积压。装配法适用于成批或大量生产中装配精度高、配合件的组成数少及不便于采用调整法装配的情况。

4. 修配法

当装配精度要求较高，采用完全互换零件法不够经济时，常用修正某个配合零件的方法来达到规定的配合精度，如图 2-77 所示的车床两顶尖不等高，装配时可通过修刮尾座底座来达到精度要求。

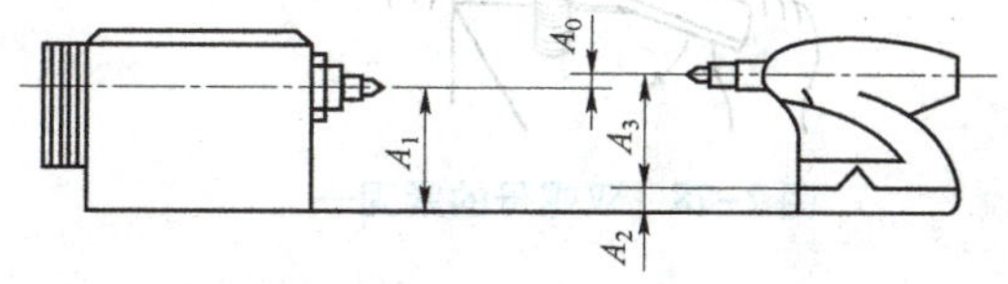

图 2-77　修刮尾座底座保证配合精度

修配法虽然使装配工作复杂化和增加了装配时间，但在加工零件时可适当降低其加工精度，不需要采用高精度的设备，节省了机械加工时间，从而使成本降低，该方法适用于单件、小批量生产或成批生产精度高的产品。

三、螺纹连接的装配

螺纹连接是现代机械制造中应用最广泛的一种连接方式，它具有装拆、更换方便，易于多次拆装等优点。装配螺纹连接的技术要求是获得规定的预紧力，螺母、螺钉不产生偏斜和歪曲，防松装置可靠等。

（一）螺栓螺母的拆装要求

① 拆装螺栓螺母时，工具选用要正确，拆装顺序和拧紧力矩应符合规定。

② 对不同规格的螺栓螺母，拆下后应分别放置，装配时须注意螺纹的规格，用手旋进 2～3 牙螺纹后，再用扳手予以拧紧。

③ 装配螺纹副不得偏斜，以免损坏螺纹。

④ 对磨损过量的螺栓螺母应予更换，以免使用中产生松动现象。

⑤ 螺栓螺母紧固后，螺栓应露出螺母端面 2～3 牙。

⑥ 禁止用锤子击打螺栓、螺母，以免损坏。

⑦ 禁止螺栓、螺母超力紧固，以免螺纹变形或折断螺栓。

⑧ 螺栓螺母装配前须用润滑脂或润滑油涂抹一下，以防生锈及螺纹损伤。

⑨ 对调整功用的螺钉螺母应按有关技术要求操作。

⑩ 对有特殊要求的螺栓螺母，如半轴螺栓、缸盖螺栓等，禁止用普通的螺栓螺母代用。

⑪ 有方向要求的螺栓螺母，如连杆螺栓螺母、轮毂轴承调整螺母等，不得装反。

（二）典型螺母螺栓的拆装

1. 用双螺母装拆双头螺柱

① 了解装配关系、技术要求和配合性质。

② 选择呆扳手和活扳手各 1 把，机械油（N32）适量，90°角尺 1 把。

③ 在机体的螺孔内加注机械油（N32）润滑，以防拧入时产生螺纹拉毛现象，同时也可防锈。

④ 按图样要求将双头螺柱用手旋入机体螺孔内。

⑤ 用手将两个螺母旋在双头螺柱上，并相互稍微锁紧。

⑥ 用一个扳手卡住上螺母，用右手按顺时针方向旋转；用另一个扳手卡住下螺母，用左手按逆时针方向旋转，将双螺母锁紧，如图 2-78 所示。

⑦ 用扳手按顺时针方向扳动上螺母，将双头螺柱锁紧在机体上，如图 2-79 所示。

图 2-78　双螺母的紧固一

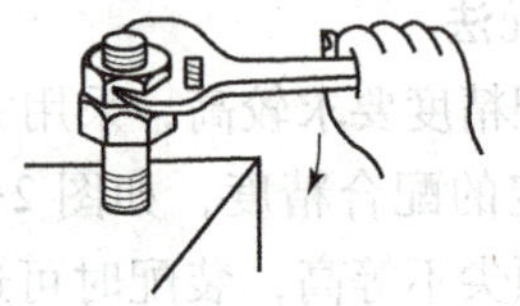

图 2-79　双螺母的紧固二

⑧ 用右手握住扳手，按逆时针方向扳动上螺母，用左手握住另一个扳手，卡住下螺母不动，使两螺母松开，卸下两个螺母。

⑨ 用 90°角尺检验或目测双头螺柱的中心线应与机体表面垂直，如图 2-80 所示。

⑩ 检查后，若稍有偏差，如对精度要求不高时可用锤子锤击校正，如图 2-81 所示，或拆下双头螺柱用丝锥回攻校正螺孔；如对精度要求较高时则要更换双头螺柱。若偏差较大时，不能强行以锤击校正，否则影响连接的可靠性。

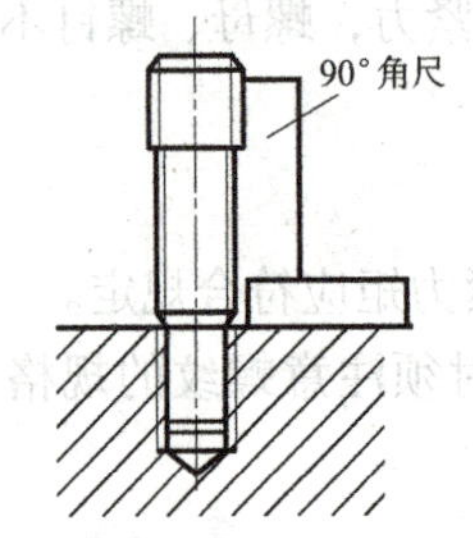

图 2-80　双头螺柱安装垂直度检验

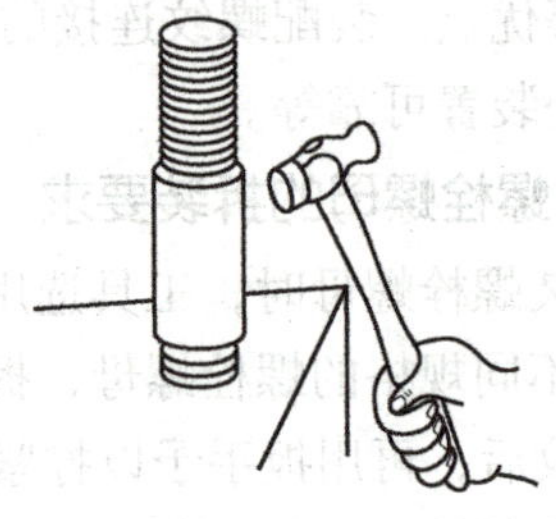

图 2-81　双头螺柱校正

2. 用长螺母装拆双头螺柱

① 按用双螺母装拆双头螺柱的第 1～5 步骤，将双头螺柱旋入机体螺孔内。

② 将长螺母旋入双头螺柱上，旋入深度约为 1/2 长螺母厚，如图 2-82 所示。

③ 在长螺母上再旋入一个止动螺钉，并用扳手拧紧，如图 2-83 所示。

④ 用扳手按顺时针方向拧动长螺母，将双头螺柱拧紧在机体上，如图 2-84 所示。

⑤ 用扳手按逆时针方向拧松止动螺钉，用手旋出止动螺钉和长螺母。

（三）典型成组螺栓螺母的装配要求

成组螺栓螺母一般用于发动机气缸盖、转轴、传动盘等主要部件的连接。应保证连接件受力均匀，相互贴合，连接牢固。在安装时应根据被连接件形状和螺栓的分布情况，按扭矩

力紧固并按一定顺序逐次拧紧（一般为 2～3 次），拧紧的原则一般从中间向两边或对称扩展，如图 2-85 所示。

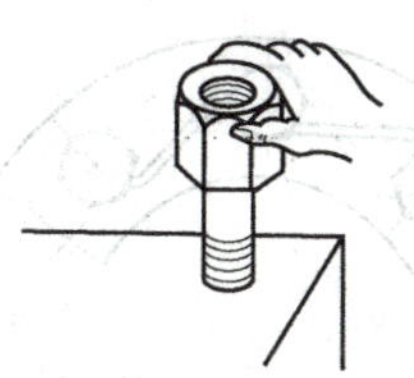
图 2-82 将长螺母旋入双头螺柱

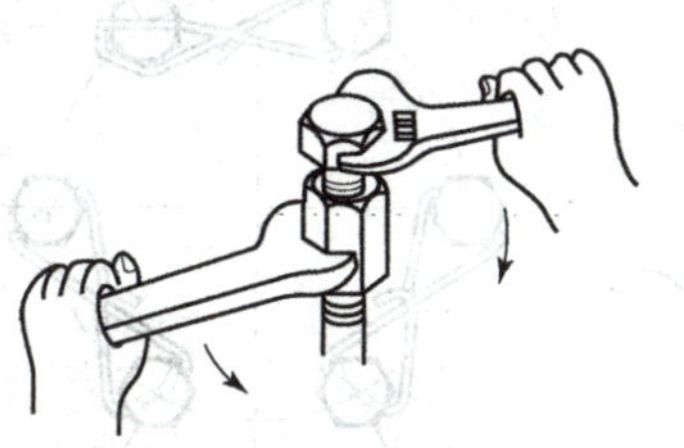
图 2-83 旋入止动螺钉

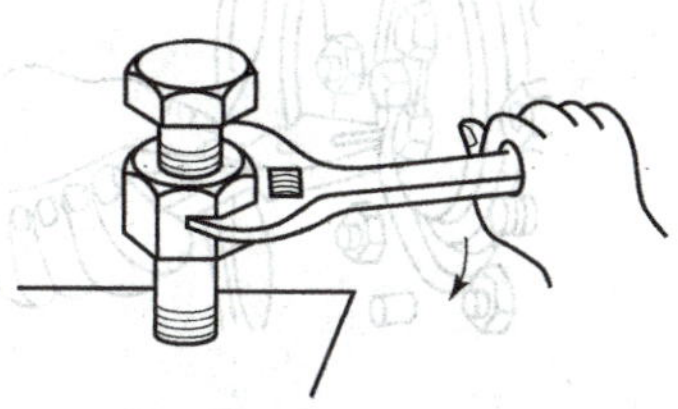
图 2-84 拧动长螺母

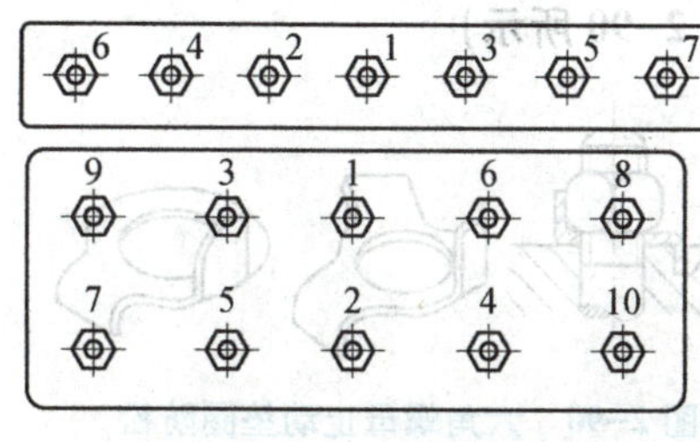

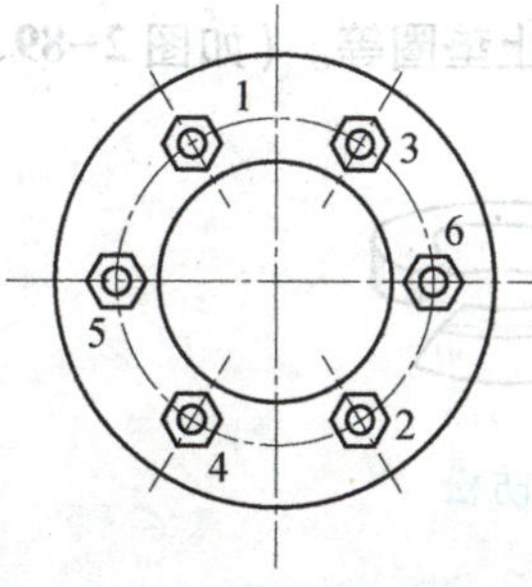

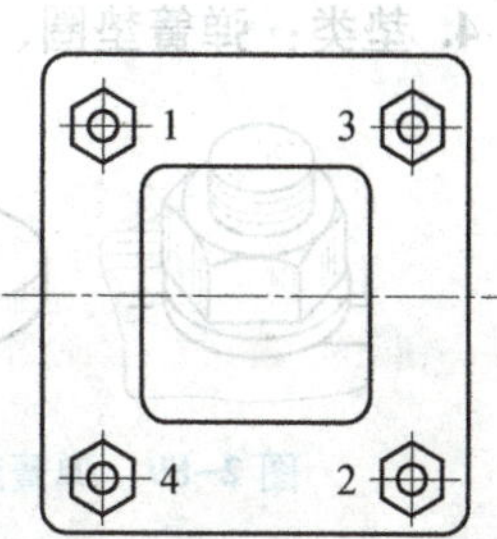

图 2-85 成组螺钉（螺母）旋紧次序

（四）螺栓螺母连接锁止件

机械在运转时会产生振动、冲击、变载荷或温度变化很大，连接件就会松脱，造成机械故障，安装时必须限制螺纹副之间的相对运动。因此，需使用锁止件防止松脱现象。

1. 双螺母自锁式（如图 2-86 所示）

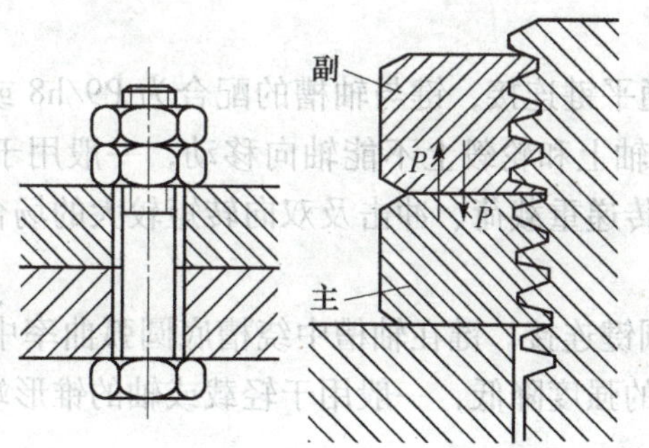

图 2-86 双螺母防松

2. 开口销、横销式（如图 2-87 所示）

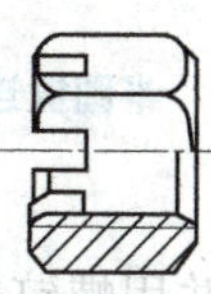
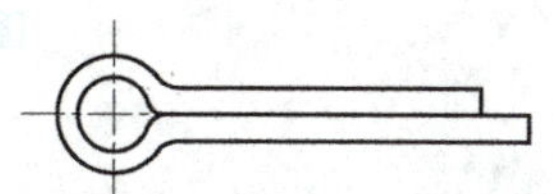
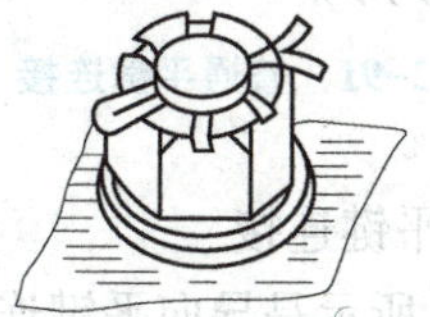

图 2-87 开口销与带槽螺母防松

3. 串联钢丝连锁式（如图 2-88 所示）

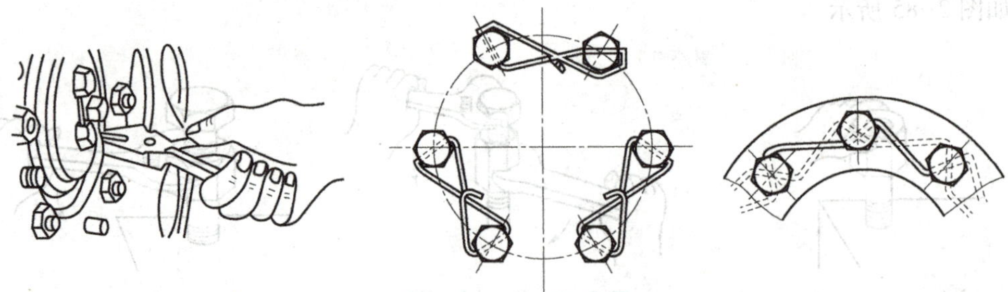
图 2-88　串联钢丝防松

4. 垫类：弹簧垫圈、锁止垫圈等。（如图 2-89、图 2-90 所示）

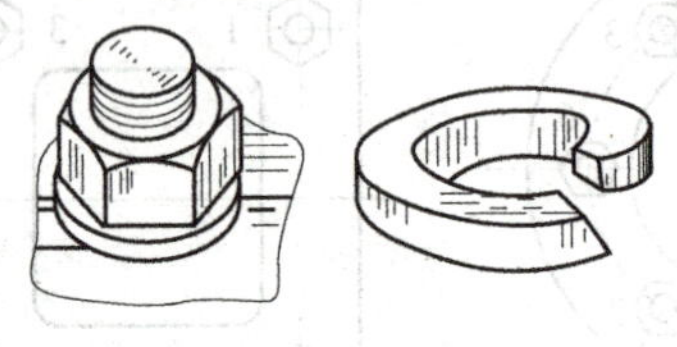
图 2-89　弹簧垫圈防松

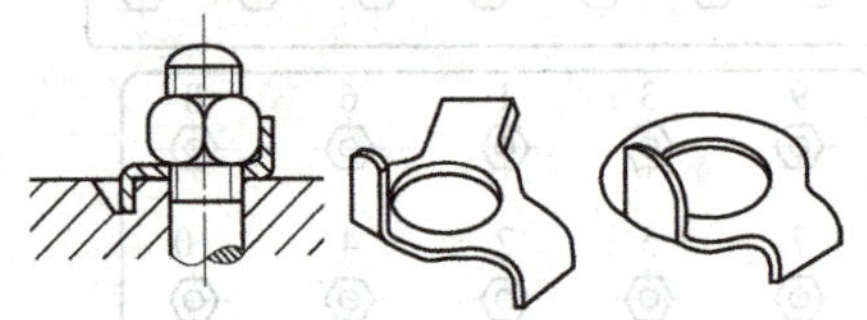
图 2-90　六角螺母止动垫圈防松

四、键连接的装配

（一）键连接的种类

按结构特点和用途不同，键连接可分为松键连接、紧键连接和花键连接。

1. 松键连接

包括普通平键、半圆键、导向平键、滑键。

（1）普通平键连接

如图 2-91 所示为普通平键连接，键与轴槽的配合为 P9/h8 或 N9/h8，键与毂槽的配合为 JS9/h8 或 P9/h8，键在轴上和轮毂上不能轴向移动，一般用于固定连接处。这种连接应用广泛，常用于高精度、传递重载荷、冲击及双向转矩较大的场合。

（2）半圆键连接

如图 2-92 所示为半圆键连接。键在轴槽中绕槽底圆弧曲率中心摆动，用以少量调整位置。但因键槽较深，使轴的强度降低，一般用于轻载或轴的锥形端部。

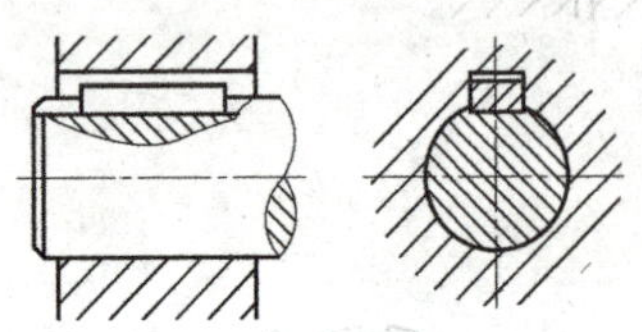
图 2-91　普通平键连接

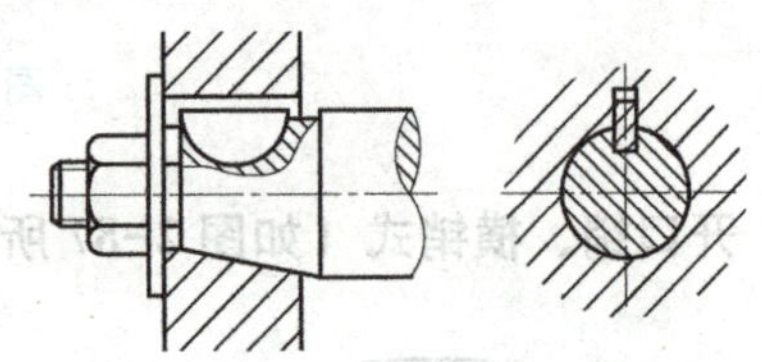
图 2-92　半圆键连接

（3）导向平键连接

如图 2-93 所示是导向平键连接，键与轴槽的配合为 H9/h8，并用螺钉固定在轴上，键

与轮毂的配合为 D10/h8。轴上零件能做轴向移动，一般用于轴上零件轴向移动量较小的场合，如变速箱中的滑移齿轮。

（4）滑键连接

如图 2–94 所示为滑键连接的一种。键固定在轮毂槽中（配合较紧），键与轴槽为精确间隙配合，键可随轮毂在轴槽中自由移动，多用于轴上零件轴向移动量较大的场合。

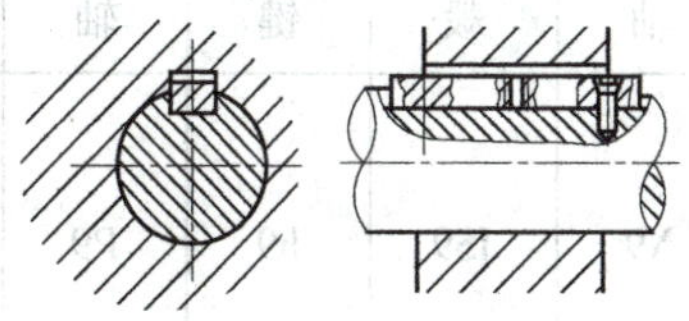
图 2–93 导向平键连接

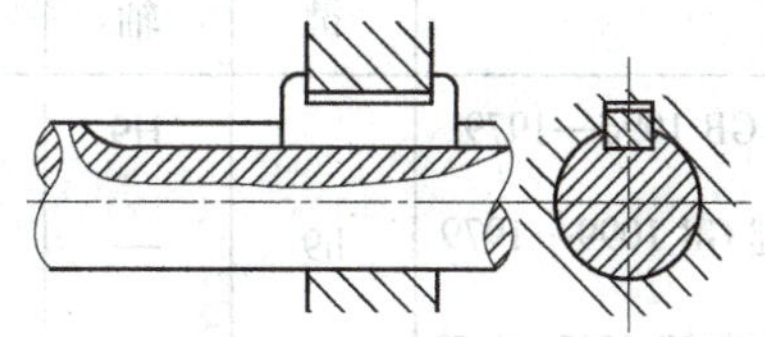
图 2–94 滑键连接

2. 紧键连接

紧键连接种类：主要指楔键连接。又可分为普通楔键、钩头楔键。

紧键连接主要指楔键连接。楔键连接分为普通楔键和钩头楔键两种，如图 2–95 和图 2–96 所示。楔键的上下两面是工作面，键的上表面和毂槽的底面各有 1∶100 的斜度，键侧与键槽有一定的间隙。装配时需打入，靠过盈作用传递扭矩。紧键连接还能轴向固定零件和传递单方向轴向力，但易使轴上零件与轴的配合产生偏心和歪斜。多用于对中性要求不高，转速较低的场合。有钩头的楔键用于不能从另一端将键打出的场合。

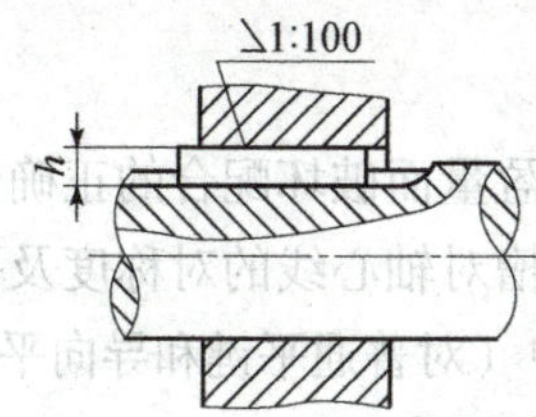

图 2–95 普通楔键

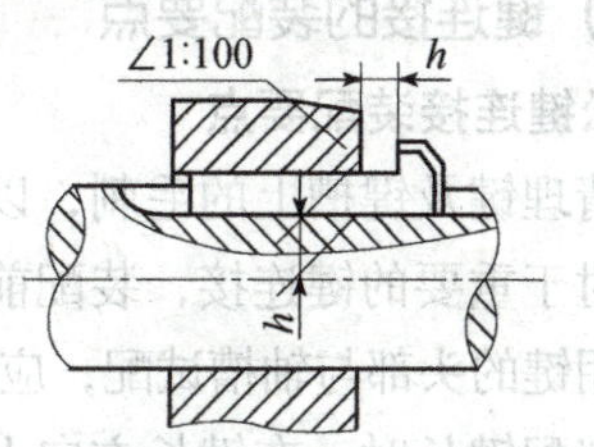

图 2–96 钩头楔键

3. 花键连接

矩形花键连接如图 2–97 所示。

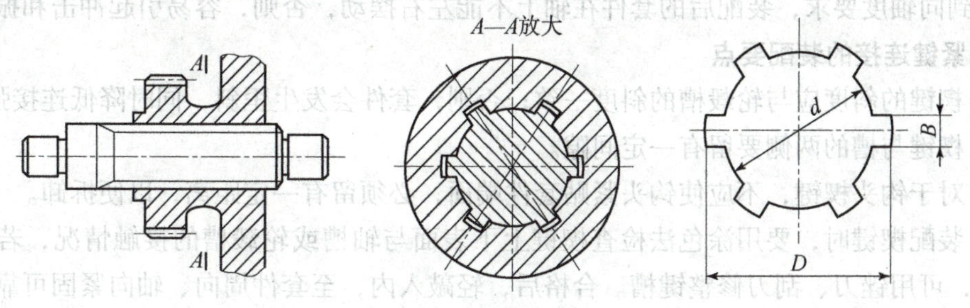

图 2–97 矩形花键连接

（二）键连接的配合要求

键连接的配合需保证键与键槽的配合要求。由于键是标准件，各种不同配合性质的获得，要靠改变轴槽、轮毂槽的极限尺寸来得到。键与轴槽和轮毂槽的配合性质一般取决于机构的工作要求，常用的配合见表 2-12。

表 2-12 键连接配合公差带

键的类型	较松键连接			一般键连接			较紧键连接		
	键	轴	毂	键	轴	毂	键	轴	毂
平键 GB 1096—1979		H9	D10						
半圆键 GB 1099—1979	h9	—	—	h9	N9	JS9	h9	P9	P9
薄型平键 GB 1566—1979		H9	H9						
配合公差带	+ 0 − h9 H9 D10			+ 0 − h9 N9 JS9			+ 0 h9 P9		

（三）键连接的装配要点

1. 松键连接装配要点

① 清理键及键槽上的毛刺，以防配合后产生过大的过盈量而破坏配合的正确性。

② 对于重要的键连接，装配前应检查键的直线度和键槽对轴心线的对称度及平行度等。

③ 用键的头部与轴槽试配，应能使键较紧地嵌在轴槽中（对普通平键和导向平键而言）。

④ 锉配键长时，在键长方向上键与轴槽有 0.1 mm 左右间隙。

⑤ 在配合面上加机油，用铜棒或台虎钳（钳口应加软钳口）将键压装在轴槽中，并与槽底接触良好。

⑥ 试配并安装套件（齿轮、带轮等）时，键与键槽的非配合面应留有间隙，以求轴与套件达到同轴度要求，装配后的套件在轴上不能左右摆动，否则，容易引起冲击和振动。

2. 紧键连接的装配要点

① 楔键的斜度应与轮毂槽的斜度一致；否则，套件会发生歪斜，同时降低连接强度。

② 楔键与槽的两侧要留有一定间隙。

③ 对于钩头楔键，不应使钩头紧贴套件端面，必须留有一定距离，以便拆卸。

④ 装配楔键时，要用涂色法检查楔键上下表面与轴槽或轮毂槽的接触情况，若发现接触不良，可用锉刀、刮刀修整键槽。合格后，轻敲入内，至套件周向、轴向紧固可靠。

3. 花键连接的装配要点

（1）静连接花键装配

套件应在花键轴上固定，故有少量过盈，装配时可用铜棒轻轻打入，但不得过紧，以防止拉伤配合表面。如果过盈较大，则应将套件加热（80 ℃～120 ℃）后进行装配。

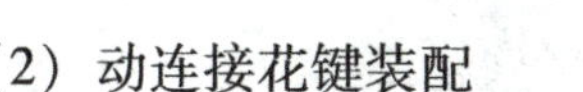

(2) 动连接花键装配

套件在花键轴上可以自由滑动，没有阻滞现象，但也不能过松，用手摆动套件时，不应感觉有明显的周向间隙。

(3) 花键的修整

拉削后热处理的内花键，可用花键推刀修整，以消除因热处理产生的微量缩小变形，也可以用涂色法修整，以达技术要求。

(4) 花键副的检验

装配后的花键副应检查花键轴与被连接零件的同轴度或垂直度要求。

五、销连接的装配

(一) 销连接种类

销连接的主要作用是定位、连接或锁定零件，有时还可以作为安全装置中的过载剪断元件，如图 2-98 所示。销是一种标准件，形状和尺寸已标准化。根据结构的不同可分为：圆柱销、圆锥销、销轴、开口销等。销的种类较多，应用广泛，其中最多的是圆柱销及圆锥销。

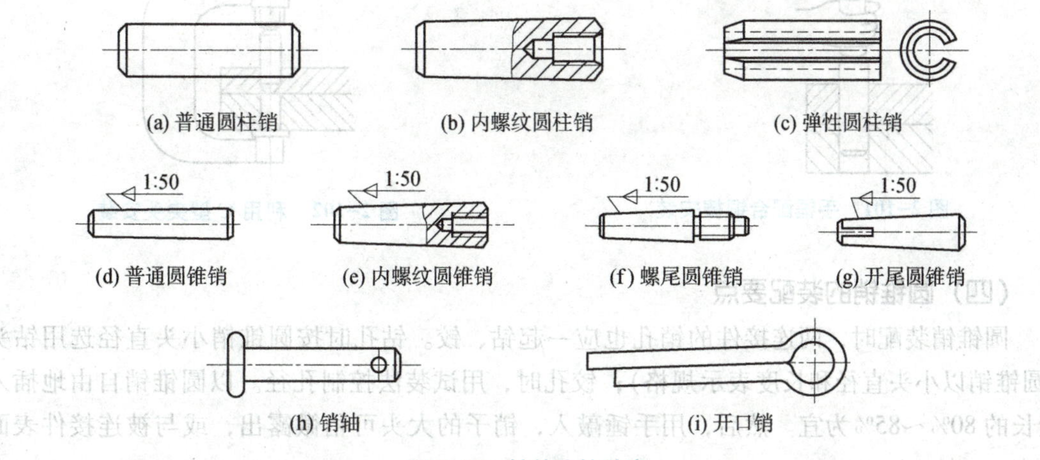

图 2-98 销的连接种类

(二) 圆柱销的装配

① 识读装配图，了解装配关系、技术要求和配合性质。

② 选择锉刀、锤子、圆柱铰刀各 1 把，铜棒 1 根。

③ 根据定位精度，表面粗糙度的要求及铰孔余量的多少，选择钻头 1 支。

④ 选择游标卡尺、千分尺各 1 把。

⑤ 用千分尺测量圆柱销直径，如图 2-99 所示。

⑥ 经测量合格后，用锉刀去除圆柱倒角处的毛刺。

⑦ 按图样要求将两个连接件经过精确调整叠合在一起装夹，然后在钻床上钻孔，如图 2-100 所示。

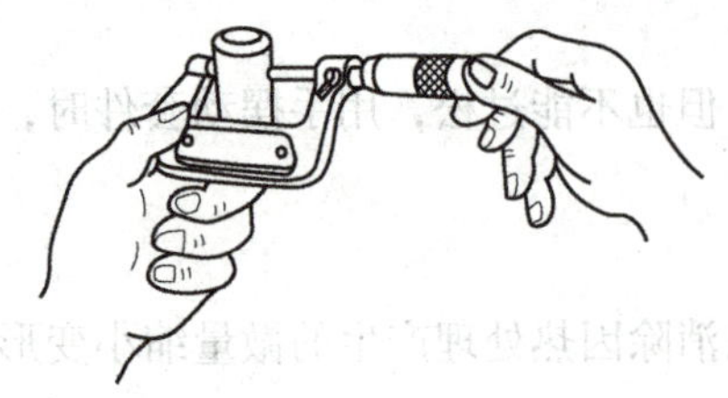

图 2-99　测量销轴直径

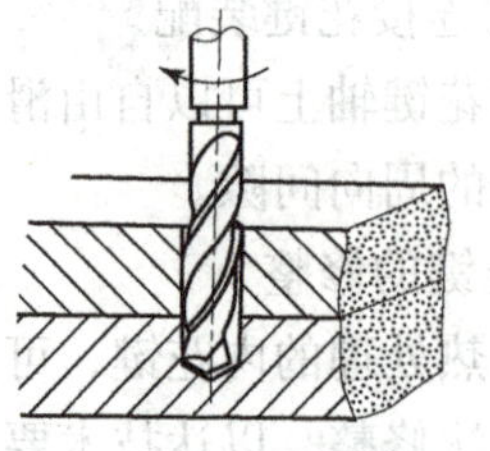

图 2-100　连接件钻孔

⑧ 对已钻好的孔用手铰刀铰孔，铰孔表面粗糙度一般应达到 $Ra1.6 \sim 0.4$ μm。

⑨ 在铰孔时应边铰孔边加注切削液，将孔铰到图样要求。

⑩ 用煤油清洗销子孔，并在销子表面涂上机械油（N32）。

⑪ 将铜棒垫在销子端面上，用手锤将销子敲入孔中，如图 2-101 所示。

⑫ 对于装配精度要求高的定位销，应用 C 形夹头把销子压入孔中，如图 2-102 所示。

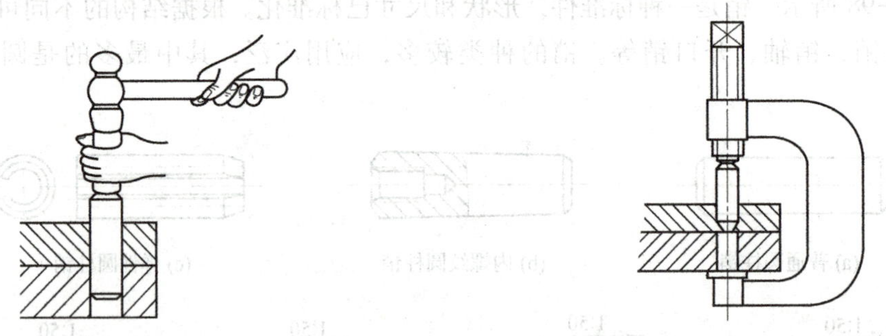

图 2-101　手锤配合铜棒安装

图 2-102　利用 C 型夹头安装

（四）圆锥销的装配要点

圆锥销装配时，两连接件的销孔也应一起钻、铰。钻孔时按圆锥销小头直径选用钻头（圆锥销以小头直径和长度表示规格）；铰孔时，用试装法控制孔径。以圆锥销自由地插入全长的 80%～85% 为宜。然后，用手锤敲入，销子的大头可稍微露出，或与被连接件表面平齐。

（五）拆卸销连接

① 孔为通孔时，可用一个直径略小于销孔的金属棒将销子的底部顶住，用锤子敲击即可将销子敲出来。

② 孔为不通孔时，则必须使用带内螺纹或螺尾的销子专用拆卸工具或利用拔销器，将销子拔出来，如图 2-103 所示。

③ 修理销连接件时，只要更换新的销子即可。

六、轴承和轴组的装配

轴承是支撑轴或轴上旋转件的部件，降低其运动过程中的摩擦系数，并保证其回转精度。轴承的种类很多，按轴承工作的摩擦性质分为滑动轴承和滚动轴承；按受载荷的方向分为向心轴承和推力轴承，有深沟球轴承（承受径向力）、推力轴承（承受轴向力）和角接触

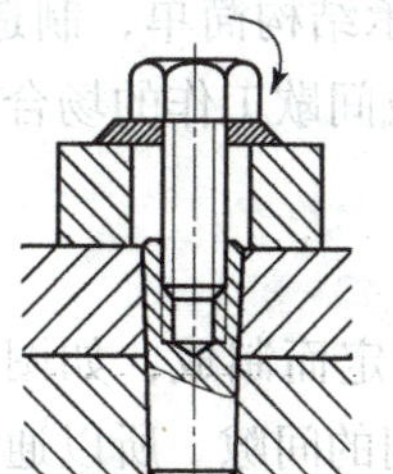

(a) 用带内螺纹的销子专用拆卸工具拆卸

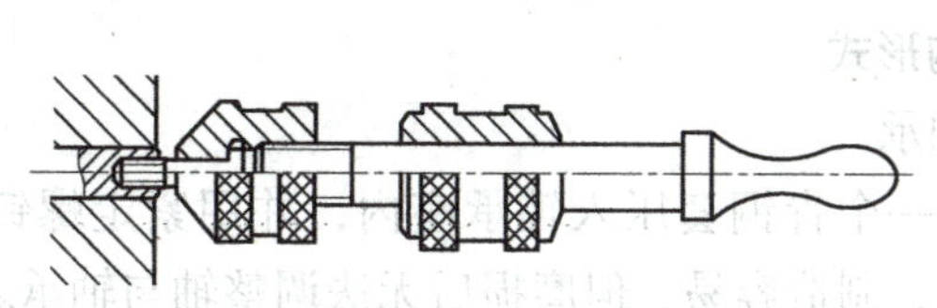

(b) 用带螺尾的销子专用拆卸工具拆卸

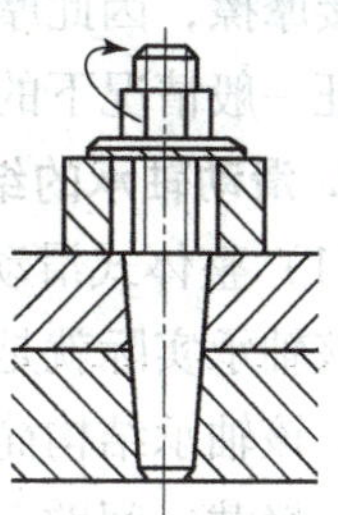

(c) 用拔销器拆卸

图 2-103 销连接的拆卸

球轴承（承受径向力和轴向力）等。

（一）滑动轴承的装配

滑动轴承工作平稳可靠，无噪声，并能承受较大的冲击负荷，所以多用于精密、高速及重载的转动场合。

1. 滑动轴承的工作原理

滑动轴承按其润滑和摩擦状况不同，可分为液体润滑滑动轴承和半液体润滑滑动轴承（又称半干摩擦滑动轴承）。

（1）液体润滑滑动轴承

液体润滑滑动轴承分动压滑动轴承和静压滑动轴承。形成动压滑动轴承的过程如图 2-104 所示。轴静止时在重力作用下处于和轴承接触的最低位置，此时润滑油被挤在两边形成楔形油膜，如图 2-104（a）所示，当轴旋转时，由于金属表面的附着力和润滑油本身的黏性，轴就带着油一起转动。当油进入楔缝时，油压升高，轴浮起形成压力油楔，如图 2-104（b）所示；随着轴转速的增高，油的压力也随之升高，当轴转速达到一定程度时，轴在轴承中浮起，直至轴与轴承完全被油膜分开，如图 2-104（c）所示，形成动压滑动轴承，其摩擦系数在 0.001～0.01 范围内。静压滑动轴承是将具有一定压力的润滑油通过节流器输入到轴与轴承之间，形成压力油膜将轴浮起，获得液体润滑的滑动轴承。静压滑动轴承的最大缺点是调整比较麻烦。随着科技的发展，目前已经制成动压滑动轴承，不仅具有静压滑动轴承的优点，而且调整方便。

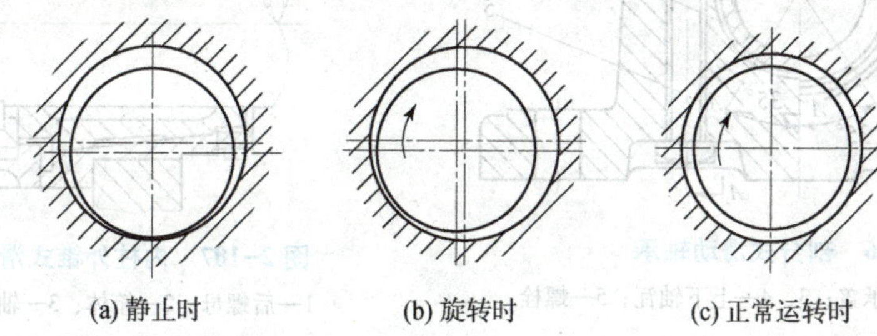

(a) 静止时　(b) 旋转时　(c) 正常运转时

图 2-104 动压滑动轴承的形成过程

（2）半液体润滑滑动轴承

该种方法润滑的滑动轴承，虽然在轴和轴承之间有油膜存在，但不能完全避免轴和轴承

的直接摩擦，因此摩擦损失较大，易造成轴和轴承的磨损。这种轴承结构简单，制造方便，能保证一般情况下的正常工作，适应于低速、轻载、精度要求不高或间歇工作的场合。

2. 滑动轴承的结构形式

（1）整体式滑动轴承

该轴承实际就是将一个青铜套压入轴承座内，并用紧定螺钉固定而制成，如图 2-105 所示。该轴承结构简单，制造容易，但磨损后无法调整轴与轴承之间的间隙。所以通常用于低速、轻载、间歇工作的机械上。

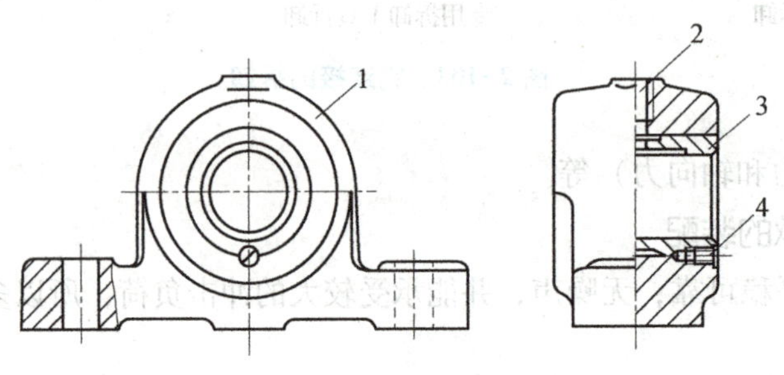

图 2-105　整体式滑动轴承

1—轴承座；2—润滑孔；3—轴套；4—紧定螺钉

（2）剖分式滑动轴承

该种轴承由轴承座、轴承盖、剖分轴瓦及螺栓组成，如图 2-106 所示。

（3）内柱外锥式滑动轴承

该种轴承由后螺母、箱体、轴承外套、前螺母、轴承和主轴组成如图 2-107 所示。轴承 5 的外表面为圆锥面，与轴承外套 3 贴合。在外圆锥面上对称分布有轴向槽，其中一条槽切穿，并在切穿处嵌入弹性垫片，使轴承内径大小可以调整。

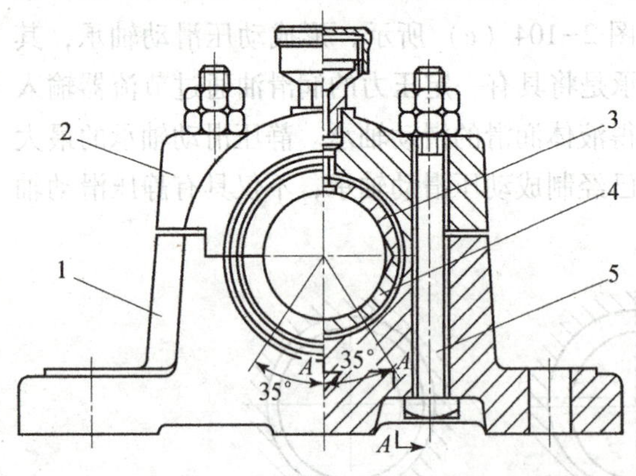

图 2-106　剖分式滑动轴承

1—轴承座；2—轴承盖；3、4—上下轴瓦；5—螺栓

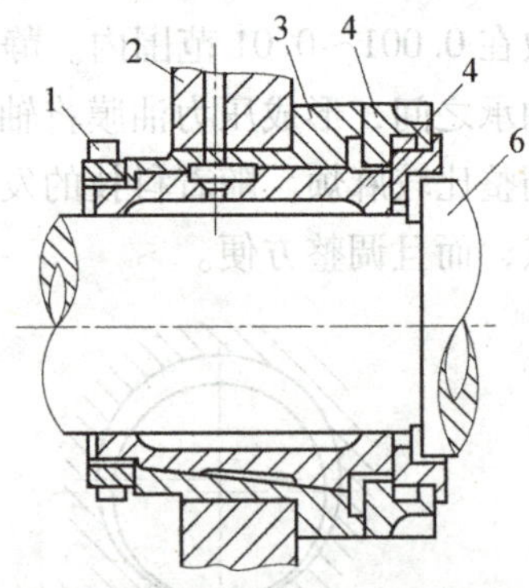

图 2-107　内柱外锥式滑动轴承

1—后螺母；2—箱体；3—轴承外套；4—前螺母；5—轴承；6—主轴

3. 滑动轴承的装配

滑动轴承装配的主要技术要求是在轴颈与轴承之间获得合理的间隙，保证轴颈与轴承的

良好接触，使轴颈在轴承中旋转平稳可靠。

（1）整体式滑动轴承的装配

① 将轴套和轴承座孔去毛刺，清理干净后利用内径百分表测量轴套孔尺寸，如图 2-108 所示，在轴承座孔内涂润滑油。

② 根据轴套尺寸和配合时过盈量的大小，采取敲入法或压入法将轴套装入轴承座孔内，并进行固定。

③ 轴套压入轴承座孔后，易发生尺寸和形状变化，应采用铰削或刮削的方法对内孔进行修整、检验，以保证轴颈与轴套之间有良好的间隙配合。

（2）剖分式滑动轴承的装配

剖分式滑动轴承的装配顺序如图 2-109 所示。先将下轴瓦 4 装入轴承座 3 内，再装垫片 5，然后装上轴瓦 6，最后装轴承盖 7 并用螺母 1 固定。

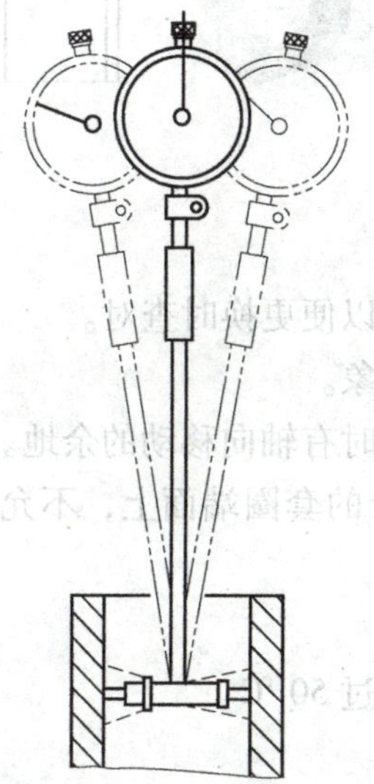

图 2-108　内径百分表检验轴套孔

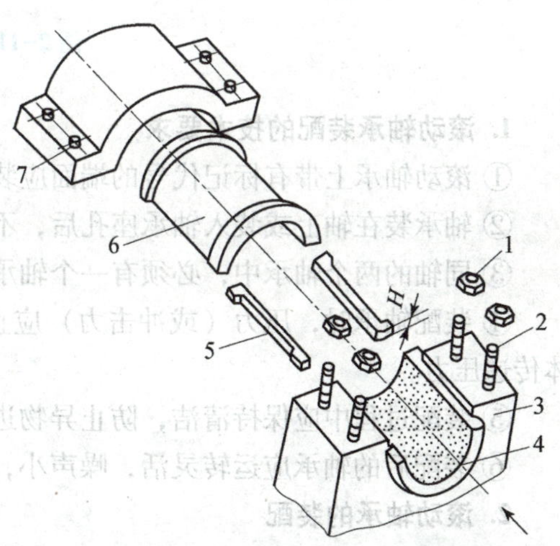

图 2-109　剖分式滑动轴承图装配顺序

1—螺母；2—螺柱；3—轴承座；4—下轴瓦；5—垫片；6—上轴瓦；7—轴承盖

剖分式滑动轴承装配时应注意的要点有：

① 上、下轴瓦与轴承座、盖应接触良好，同时轴瓦的台肩应紧靠轴承座两端面。

② 为提高配合精度，轴瓦孔应与轴进行研点配刮。

（3）内柱外锥式滑动轴承的装配

① 如图 2-107 所示，将轴承外套 3 压入箱体 2 的孔中，并保证有 H7/r6 的配合要求。

② 用芯棒研点，修刮轴承外套 3 的内锥孔，并保证前、后轴承孔同轴度的要求。

③ 在轴承 5 上钻油孔，与箱体、轴承外套油孔相对应，并与自身油槽相接。

④ 以轴承外套 3 的内孔为基准研点，配刮轴承 5 的外圆锥面，使接触精度符合要求。

⑤ 把轴承 5 装入轴承外套 3 的孔中，两端拧入螺母 1、4，并调整好轴承 5 的轴向位置。

⑥ 以主轴为基准，配刮轴承 5 的内孔，使接触精度合格，并保证前、后轴承孔的同轴

度符合要求。

⑦ 清洗轴颈及轴承孔，重新装入主轴，并调整好间隙。

（二）滚动轴承的装配

滚动轴承一般由外圈、内圈、滚动体和保持架组成，如图 2-110 所示。内圈和轴颈为基孔制配合，外圈和轴承座孔为基轴制配合。工作时，滚动体在内、外圈的滚道上滚动，形成滚动摩擦。滚动轴承具有摩擦力小、轴向尺寸小、更换方便和维护容易等优点，所以在机械制造中应用十分广泛。

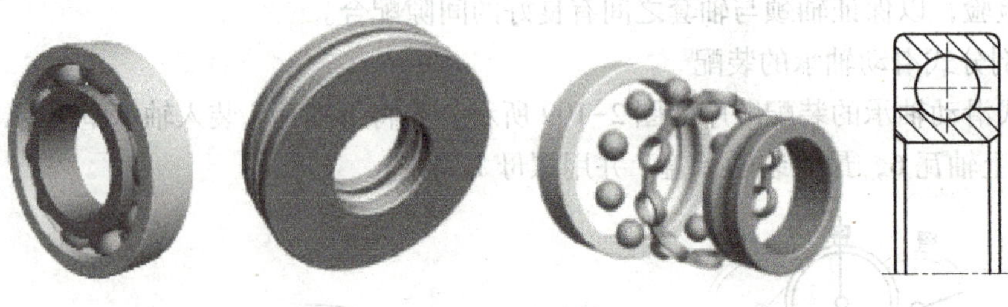

图 2-110　滚动轴承

1. 滚动轴承装配的技术要求

① 滚动轴承上带有标记代号的端面应装在可见方向，以便更换时查对。

② 轴承装在轴上或装入轴承座孔后，不允许有歪斜现象。

③ 同轴的两个轴承中，必须有一个轴承在轴受热膨胀时有轴向移动的余地。

④ 装配轴承时，压力（或冲击力）应直接加在待配合的套圈端面上，不允许通过滚动体传递压力。

⑤ 装配过程中应保持清洁，防止异物进入轴承内。

⑥ 装配后的轴承应运转灵活，噪声小，工作温度不超过 50 ℃。

2. 滚动轴承的装配

滚动轴承的装配方法应视轴承尺寸大小和过盈量来选择。一般滚动轴承的装配方法有锤击法、用螺旋或杠杆压力机压入法及热装法等。

（1）向心球轴承的装配

深沟球轴承常用的装配方法有锤击法和压入法。如图 2-111（a）所示，用铜棒垫上特制套，用锤子将轴承内圈装到轴颈上；如图 2-111（b）所示，用锤击法将轴承外圈装入壳体内孔中。图 2-112 是用压入法将轴承内、外圈分别压入轴颈和轴承座孔中的方法。如果轴颈尺寸较大、过盈量也较大时，为装配方便可用热装法，即将轴承放在温度为 80 ℃～100 ℃的油中加热，然后和常温状态的轴配合。

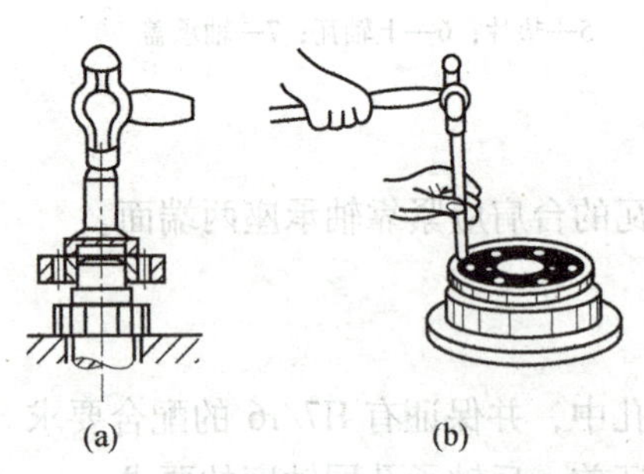

图 2-111　锤击法装配滚动轴承

（2）角接触球轴承的装配

因角接触球轴承的内、外圈可以分离，所以可以用锤击、压入或热装的方法将内圈装到轴颈上，用锤击或压入法将外圈装到轴承孔内，然后调整游隙。

（3）推力球轴承的装配

推力球轴承有松圈和紧圈之分，装配时一定要注意，千万不能装反，否则将造成轴发热甚至卡死现象。装配时应使紧圈靠在转动零件的端面上，松圈靠在静止零件（或箱体）的端面上，如图 2-113 所示。

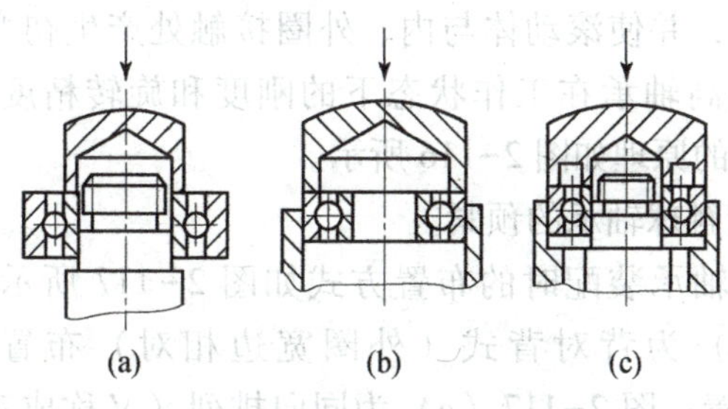

图 2-112　压入法装配滚动轴承

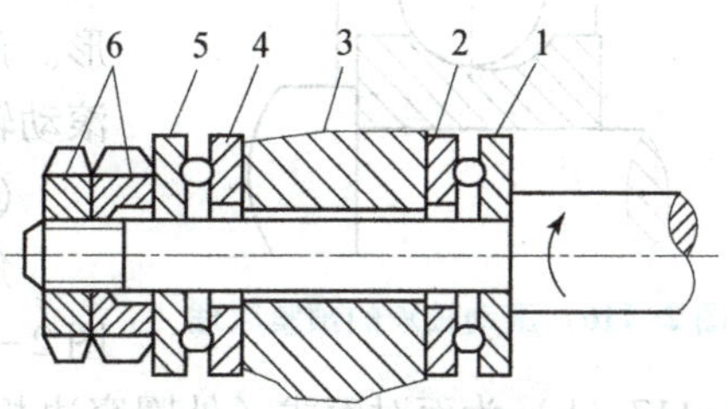

图 2-113　推力球轴承的装配

1、5—紧圈；2、4—松圈；3—箱体；6—螺母

3. 滚动轴承游隙的调整

滚动轴承的游隙是指在一个套圈固定的情况下，另一个套圈沿径向或轴向的最大活动量，故游隙又分径向游隙和轴向游隙两种。

滚动轴承的游隙不能太大，也不能太小。游隙太大，会造成同时承受载荷的滚动体的数量减少，使单个滚动体的载荷增大，从而降低轴承的旋转精度，减少使用寿命。游隙太小，会使摩擦力增大，产生的热量增加，加剧磨损，同样能使轴承的使用寿命减少。因此，许多轴承在装配时都要严格控制和调整游隙。通常采用使轴承的内圈对外圈作适当轴向相对位移的方法来保证游隙。

（1）调整垫片法

通过调整轴承盖与壳体端面间的垫片厚度 δ，来调整轴承的轴向游隙，如图 2-114 所示。

（2）螺钉调整法

如图 2-115 所示的结构中，调整的顺序是：先松开锁紧螺母 2，再调整螺钉 3，待游隙调整好后再拧紧螺母 2。

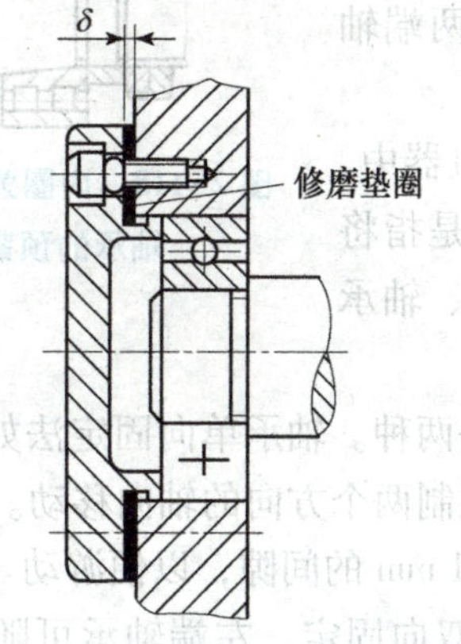

图 2-114　用垫片调整轴承游隙

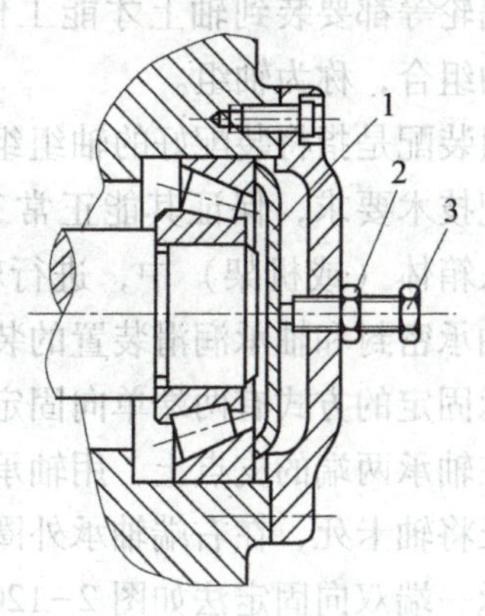

图 2-115　用螺钉调整轴承游隙

4. 滚动轴承的预紧

对于承受载荷较大，旋转精度要求较高的轴承，大都是在无游隙甚至有少量过盈的状态下工作的，这些都需要轴承在装配时进行预紧。预紧就是轴承在装配时，给轴承的内圈或外圈一个轴向力，以消除轴承游隙，并使滚动体与内、外圈接触处产生初变形。预紧能提高轴承在工作状态下的刚度和旋转精度。滚动轴承预紧的原理如图 2-116 所示。

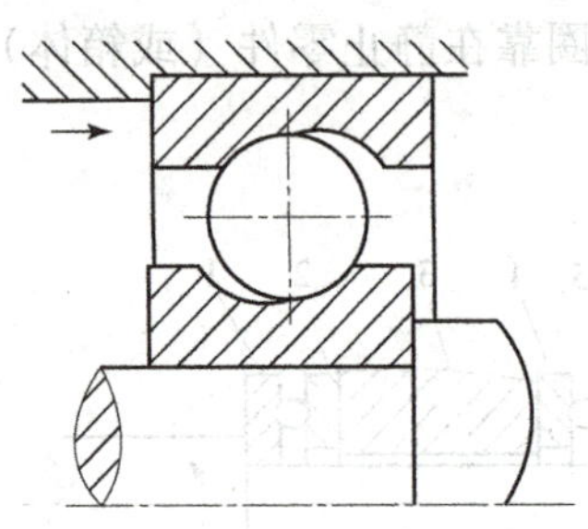

图 2-116　滚动轴承的预紧原理

（1）角接触球轴承的预紧

角接触球轴承装配时的布置方式如图 2-117 所示。图 2-117（a）为背对背式（外圈宽边相对）布置；图 2-117（b）为面对面式（外圈窄边相对）布置；图 2-117（c）为同向排列（又称成对背对背）布置。无论何种方式布置，都是采用在同一组两个轴承间配置不同厚度的间隔套，来达到预紧的目的。

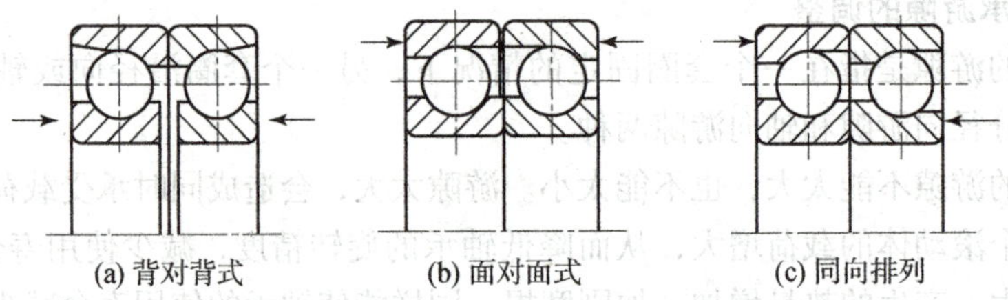

图 2-117　角接触球轴承的布置方式

（2）内圈为圆锥孔轴承的预紧

如图 2-118 所示，预紧时的工作顺序是：先松开锁紧螺母 1 中左边的一个螺母，再拧紧右边的螺母，通过隔套 2 使轴承内圈 3 向轴颈大端移动，使内圈直径增大，从而消除径向游隙，达到预紧目的。最后再将锁紧螺母 1 中左边的螺母拧紧，起到锁紧的作用。

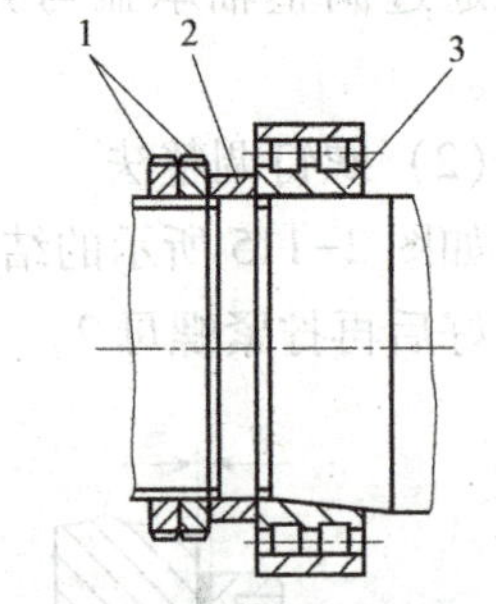

图 2-118　内圈为圆锥孔轴承的预紧

5. 轴组装配

轴是机械中的重要零件，所有带内孔的传动零件，如齿轮、带轮、蜗轮等都要装到轴上才能工作。轴、轴上零件与两端轴承支座的组合，称为轴组。

轴组装配是指将装配好的轴组组件，正确地安装到机器中，达到装配技术要求，保证其能正常工作。轴组装配主要是指将轴组装入箱体（或机架）中，进行轴承固定、游隙调整、轴承预紧、轴承密封和轴承润滑装置的装配。

轴承固定的方式有两端单向固定法和一端双向固定法两种。轴承单向固定法如图 2-119 所示，在轴承两端的支点上，用轴承盖单向固定，分别限制两个方向的轴向移动。为避免轴受热伸长将轴卡死，在右端轴承外圈与端盖间留有 0.5～1 mm 的间隙，以便游动。

轴承一端双向固定法如图 2-120 所示，将右端轴承双向固定，左端轴承可随轴作轴向游动。这种固定方式在工作时不会产生轴向窜动，轴受热时又能自由地向一端伸长，轴不会

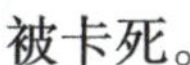

被卡死。

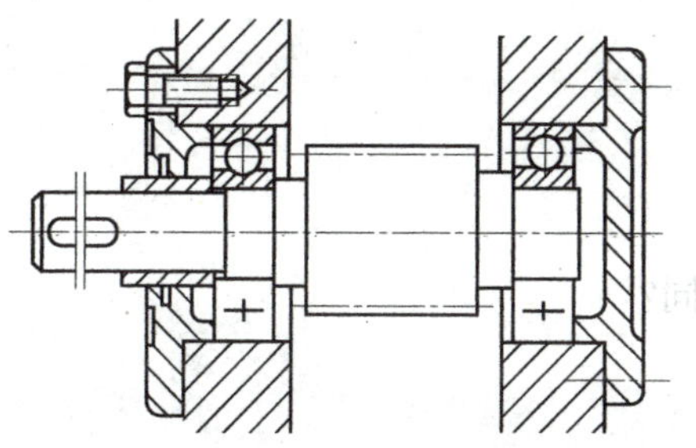

图 2-119 轴承两端单向固定法

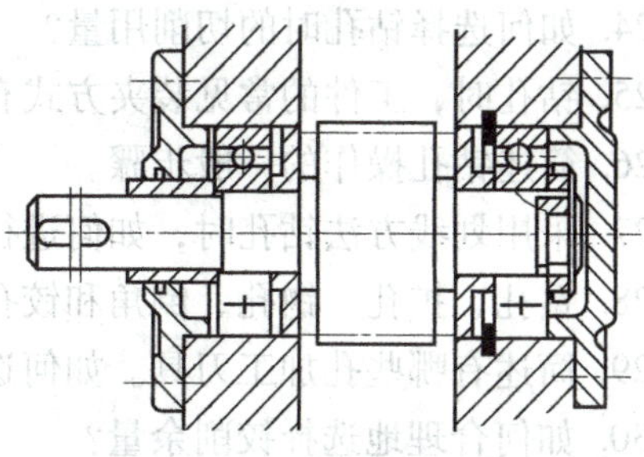

图 2-120 轴承一端双向固定法

思考与练习

1. 划线的作用有哪些？
2. 划线工具主要有哪些？它们有什么作用？
3. 划线基准一般有哪些？如何选择划线基准？
4. 什么是找正？借料划线一般按怎样的过程进行？
5. 平面划线与立体划线有什么区别？
6. 样冲使用时有哪些注意事项？
7. 简述划线的操作步骤。
8. 锯削的应用场合有哪些？
9. 安装锯条有哪些要求？
10. 锯削时，如何合理地选用不同规格的锯条？
11. 起锯的方法有哪两种？起锯时应注意什么问题？
12. 锯削操作中压力、速度、往复长度如何掌握？
13. 简述锯削薄壁管子时的装夹和锯削方法。
14. 锯削薄板时，应如何防止颤抖和崩齿？
15. 锉削加工的应用场合有哪些？加工特点是什么？
16. 锉刀的种类有哪些？各适用于什么场合？
17. 锉削加工时如何合理地选用锉刀？
18. 平面锉削时常用的方法有哪几种？各种方法适用于哪种场合？锉削外圆弧面有哪两种方法？
19. 简述锉削加工的规范姿势。
20. 钳工常用的錾子的种类有哪几种？各适用于什么场合？
21. 錾削时，挥锤的方式有哪几种？各有什么特点？
22. 錾削一般平面时，起錾和终錾各应注意什么问题？

23. 简述麻花钻的结构。

24. 如何选择钻孔时的切削用量？

25. 钻孔时，工件的常见装夹方式有哪些？

26. 简述钻孔操作的一般步骤。

27. 采用划线方法钻孔时，如何进行纠偏？

28. 钻孔、扩孔、锪孔、倒角和铰孔有哪些异同？

29. 简述有哪些孔加工刀具。如何选用？

30. 如何合理地选择铰削余量？

31. 试述丝锥的各部分名称、结构特点及作用。

32. 分别在钢材和铸铁上攻 M16 和 M12×1 螺纹，试确定攻螺纹前钻底孔的钻头直径。

33. 试述攻螺纹的工种要点。

34. 简述套螺纹的注意事项。

35. 刮削有什么特点和作用？

36. 套螺纹时圆杆端部倒角有什么作用？套螺纹前圆杆直径是否等于螺纹大径？为什么？

37. 什么是铰杠？有哪几种类型？各有什么作用？

38. 粗刮、细刮和精刮应分别达到什么要求？

39. 简述研磨的作用。

40. 研磨剂应该具备什么条件？

项目三

鸭嘴榔头的制作

本项目旨在了解钳工基础知识，练习划线、锯削、锉削、钻孔等钳工基本技能，熟悉钳工常用工、量具的使用方法。通过本项目的练习，制作图 3-1 所示的鸭嘴榔头。

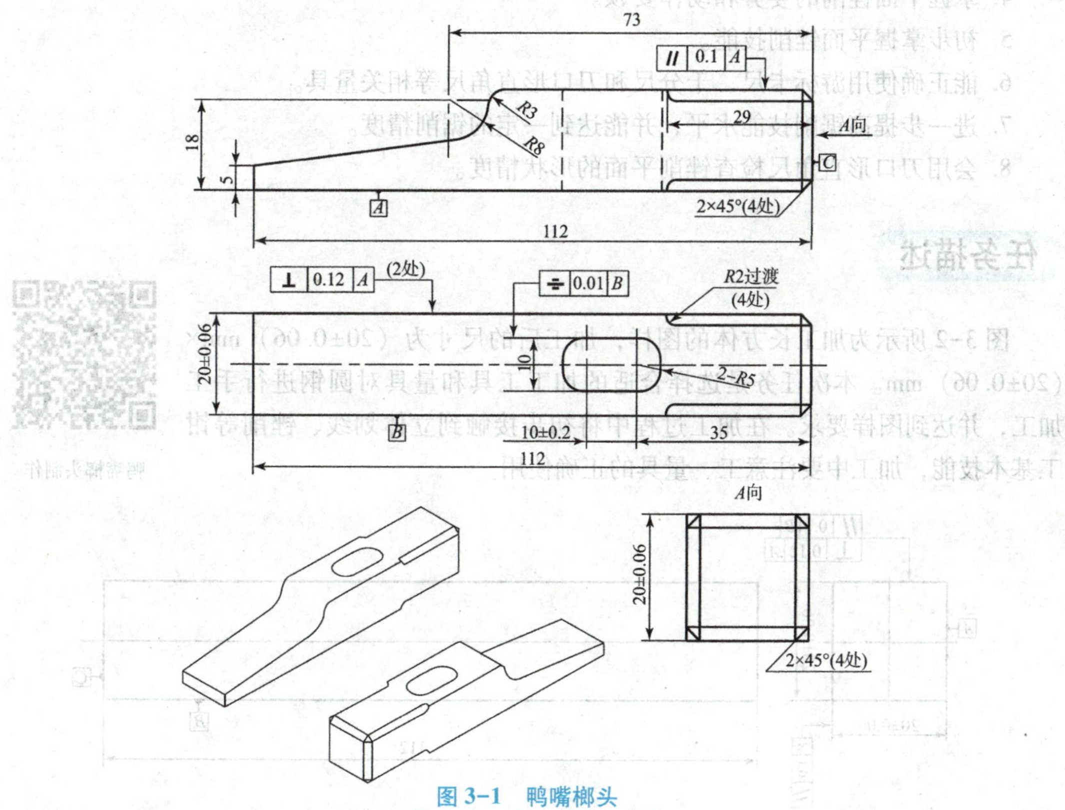

图 3-1　鸭嘴榔头

任务一 锯、锉长方体

知识目标

1. 了解手锯的组成，掌握常用的锯条规格。
2. 了解游标卡尺、高度游标卡尺和千分尺的组成和读数原理。
3. 掌握锯削和锉削的基础知识。

能力目标

1. 掌握锯削的姿势和方法，掌握各种形状材料的锯削技巧，并达到一定的锯削精度。
2. 根据不同的材料正确选择锯条，并能够正确安装锯条。
3. 能正确使用划线工具，并掌握一般的划线方法。
4. 掌握平面锉削的姿势和动作要领。
5. 初步掌握平面锉削技能。
6. 能正确使用游标卡尺、千分尺和刀口形直角尺等相关量具。
7. 进一步提高锯削技能水平，并能达到一定的锯削精度。
8. 会用刀口形直角尺检查锉削平面的形状精度。

任务描述

图 3-2 所示为加工长方体的图样，加工后的尺寸为（20±0.06）mm×（20±0.06）mm。本次任务是选择合适的加工工具和量具对圆钢进行手工加工，并达到图样要求。在加工过程中将初步接触到立体划线、锉削等钳工基本技能，加工中要注意工、量具的正确使用。

鸭嘴榔头制作

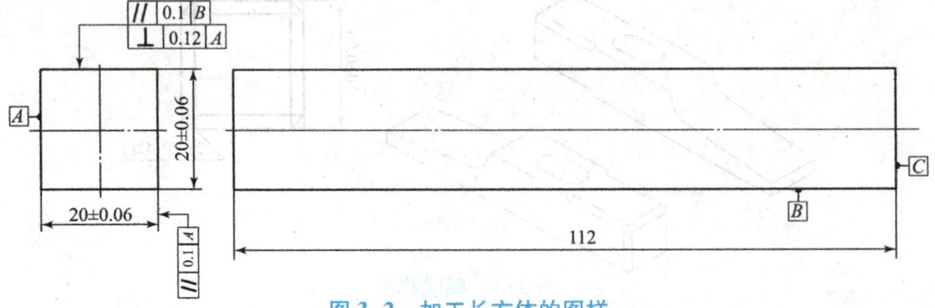

图 3-2 加工长方体的图样

任务分析

本任务主要是培养学生的职业素养，训练学生进一步掌握钳工岗位中的锯削和锉削技能，正确使用游标高度尺对工件进行立体划线，正确使用刀口形直角尺检测长方体的平面度和垂直度要求。

（一）相关知识

1. 锉削基准选择原则

① 选择已加工的最大平整面作为锉削基准。

② 选择质量较好的面作为锉削基准。

③ 选择划线基准、测量基准作为锉削基准。

④ 选择加工精度最高的面作为锉削基准。

2. 长方体工件各表面的锉削顺序

锉削长方体工件各表面时，必须按照一定的顺序进行，才能快速、准确地达到尺寸和相对位置精度要求。其一般原则如下：

① 选择最大且表面质量相对较好的平面作为基准面进行锉削加工，达到规定的平面度要求。

② 先锉大平面后锉小平面，以大平面控制小平面，此外，大平面锉削时更好把握，小平面锉削的难度比大平面大。

③ 先锉平行面后锉垂直面，即在达到规定的平行度要求后，再保证相关面的垂直度。一方面便于控制尺寸，另一方面在保证垂直度时可以进行平行度、垂直度两项误差的测量比较，减少积累误差。

（二）工、量具准备

工、量具准备清单见表 3-1。

表 3-1　工、量具准备清单

序号	名称	规　格	数量	备注
1	游标高度尺	0～250 mm，0. 02 mm	1	
2	游标卡尺	0～150 mm，0. 02 mm	1	
3	千分尺	0～25 mm，0. 01 mm		
4	刀口形直尺	125 mm	1	
5	刀口形直角尺	160 mm×100 mm	1	
6	锉刀	粗、中、细平锉 200 mm	各 1	
7	手锯	300 mm	1	
8	锯条	300 mm	若干	
9	软钳口		1	
10	锉刀刷		1	
11	毛刷		1	

任务实施

(一) 毛坯

根据图样下料，毛坯尺寸为 $\phi30\times115$，两端面为锯削表面。

(二) 工艺步骤

因两端面为锯削表面，所以先粗加工一个端面，在该面进行划线操作。工艺步骤见表 3-2。

表 3-2　加工步骤

步骤	加工内容	图　示
1	将毛坯放置在 V 形铁上，用高度游标卡尺在锉削好的端面划第一个加工面的加工线，并打样冲眼	h H
2	锯削加工第一个平面，留 1 mm 的锉削余量	锯削位置 锉削余量 $\phi30$ 26 20
3	锉削加工第一个面	锉削到的位置 A $\phi30$ 25 20 20
4	将工件第一个面（基准面 A）放置在划线平台上，侧面靠住方箱，用高度游标卡尺划第二个面的加工线。	20

续表

步骤	加工内容	图示
5	锯削加工第二个平面	
6	锉削加工第二个面，控制平行度公差为 0.1mm	
7	将工件放置在划线平台上，将已锉好的第一面、第二面和两个端面分别靠在划线方箱上，用高、低游标卡尺划第三、四加工面的加工线	
8	锯削加工第三个平面，留 1 mm 的锉削余量	
9	锉削加工第三个面，控制和相邻基准面垂直度公差为 0.12 mm	

续表

步骤	加工内容	图　示
10	锯削加工第四个平面，留 1 mm 的锉削余量	
9	锉削加工第四个面，控制和对面的基准面 *B* 平行度公差为 0.1 mm，控制和相邻基准面垂直度公差为 0.12 mm	
10	精锉长方体的一个端面，作为基准面 *C*。按图样要求进行精度检查，并作必要的修整锉削。最后按图样要求将各锐边均匀倒角、去毛刺	

（三）注意事项

① 加工前对毛坯进行全面检查，了解误差及加工余量情况，然后进行加工。

② 在锉削加工时，应了解加工余量及误差情况，认真仔细检查尺寸及参数，避免超差。

③ 基准面是作为加工时控制其他各面的尺寸、位置精度的测量基准，故必须在达到规定的平面度要求时，才能加工其他面。

④ 在测量时，锐角倒钝，以保证测量的准确性。

⑤ 工、量具要放在规定位置，使用时要轻拿轻放，使用完毕后要擦拭干净，做到文明生产。

任务二　加工斜平面和圆弧

知识目标

1. 了解斜面的计算方法。
2. 掌握常用锯条规格。

3. 学习圆弧划线的方法。

能力目标

1. 灵活运用万能角度尺测量不同的角度。
2. 掌握斜平面加工时工件的装夹要领及加工工艺过程。
3. 进一步熟练掌握锯削、锉削的动作和方法，并能达到一定的锯削和锉削精度。
4. 掌握斜平面的划线步骤。
5. 严格遵守安全文明生产要求。
6. 掌握锉削凹凸圆弧的方法及技巧。

任务描述

图 3-3 所示为加工长方体斜平面圆弧 *R*8 和 *R*3 的图样。本次任务主要是学习通过计算坐标划线的方法，获得斜平面和圆弧的加工位置，进一步练习划线、锯削、锉削等技能。加工中要注意工、量具的正确使用。

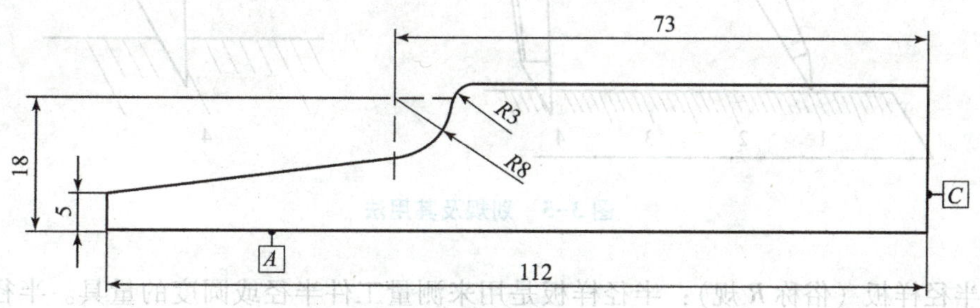

图 3-3 斜平面长方体

任务分析

本任务主要是学习通过计算坐标划线的方法，进一步练习划线、锯削、锉削技能。通过本任务的学习，培养学生的职业素养，训练学生初步掌握钳工岗位中斜平面、圆弧的划线和锉削技能。

（一）相关知识

1. 立体划线

① 本项目划线具有比较明显的立体划线特征。

② 立体划线是在零件的不同表面（通常是相互垂直的表面）上划线。

③ 立体划线的前提条件：要有三个或者三个以上的划线基准；立体划线的各面大多是互相垂直的。

2. 划线工具

① 钢直尺：钢直尺是一种简单的测量工具和划直线的导向工具。

② 划针：划针是直接在工件上划线的工具。划线时应使划针向外倾斜15°～20°，同时向前进方向倾斜45°～75°，如图3-4所示。

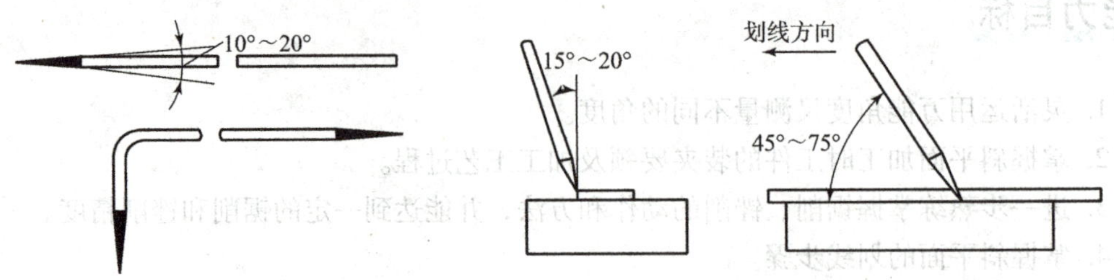

图3-4　划针及用法

③ 划规：用来划圆和圆弧、量取尺寸的工具。为保证量取尺寸的准确，应把划规脚尖部放入钢直尺的刻度槽中，如图3-5所示。

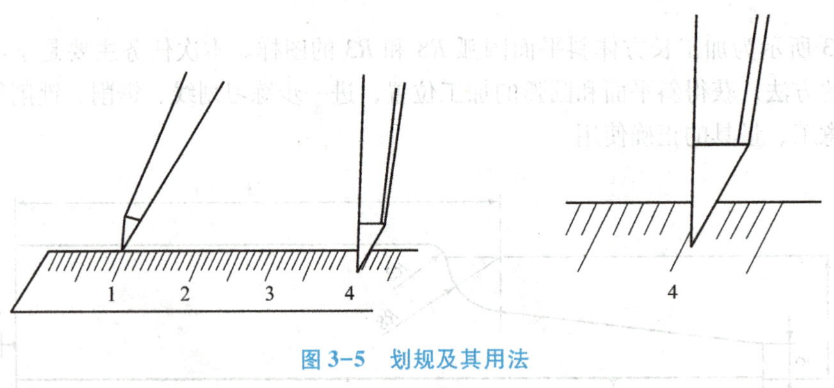

图3-5　划规及其用法

④ 半径样板（俗称 *R* 规）：半径样板是用来测量工件半径或圆度的量具。半径样板由多个薄片组合而成。薄片制作成不同半径的凹圆弧或凸圆弧；测量时，选择半径合适的薄片，靠在所测圆弧上，根据间隙大小，判断工件圆弧质量的高低。

（二）半圆锉的选用

半圆锉也有大小不同的规格，选择原则与平锉相似，根据圆弧大小选择合适的半圆锉。

任务实施

（一）毛坯

毛坯采用任务一完成的工件。

（二）工艺步骤

1. 尺寸的确定

由于圆弧间的尺寸计算比较复杂，一般不用数学方法求得，可以采用CAD软件查找所需要的坐标值。这里采用图示法求近似值。

如图3-6所示，通过尺寸112 mm、73 mm、18 mm、5 mm，*R*8、*R*3确定了斜平面和圆弧位置的唯一性。

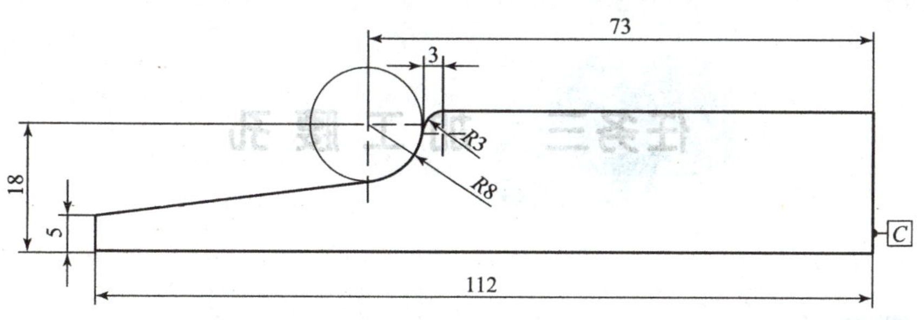

图 3-6 圆弧位置的确定

2. 划线

① 用划线工具划斜平面和圆弧 *R*8 和 *R*3 的线。

② 根据计算出的坐标值，利用高度游标卡尺划出圆心，用划规划出圆弧。

3. 打样冲眼

在划好的斜平面和圆弧的线上，每隔 3～5 mm 打一个样冲眼。样冲眼要轻一些，防止在反复装夹加工时，原先划好的线变模糊。

4. 锯削斜平面

因为锯削面倾斜，所以工件装夹时必须随之倾斜，使锯缝保持铅垂位置，便于锯削操作。

5. 锉削斜平面

粗、精锉斜平面，达到图样的要求。锉削时装夹工件应尽量使斜线和钳口平行。

6. 锉削圆弧

使用半圆锉采用顺向锉法锉削内圆弧 *R*8。使用圆锉采用推锉法带出外圆弧 *R*3，同时将斜平面与 *R*8 内圆弧的锉纹采用推锉法锉削一致，达到锉纹齐整的要求。斜平面与圆弧 *R*8 要圆滑连接。

7. 锉削鸭嘴前端

粗、精锉基准面 *C* 的对面，保证榔头总长度为 112 mm。

（三）注意事项

① 采用软钳口（铜皮或铝皮制成）保护工件的已加工表面。

② 锯削斜平面时，要注意保留锉削的加工余量。

③ 锉削斜平面时要注意工件的装夹位置，尽量让锉削表面与台虎钳钳口平行。

④ 倒角锉削加工时，要保证锉削的八条棱等宽，最后才能完成正三角形的制作。

⑤ 制作倒角时，装夹工件要保证 45°的夹角，锉削加工倒角的每条棱时，锉削方向与棱都是垂直的关系。

⑥ 圆弧锉削的操作难度较大，需要特别控制力度。开始锉削时，应用较小的力锉削，把主要注意力放在控制锉刀的多个运动上，使锉刀运动协调，圆弧质量才能得以保证。

⑦ 锉削圆弧时要注意锉刀的推行方向，避开斜平面的位置，以免破坏锉削好的斜平面。

⑧ 锉削的内圆弧 *R*8 要跟斜平面圆滑连接。

任务三 加工腰孔

知识目标

1. 了解工作场地台式钻床的规格、性能及使用方法。
2. 掌握常用钻头规格。
3. 了解钻孔、扩孔、铰孔和锪孔的使用场合。

能力目标

1. 掌握钻孔时工件的装夹方法。
2. 掌握划线钻孔方法，并能进行一般精度孔的钻削加工。
3. 掌握锉削腰形孔的方法。
4. 严格遵守安全文明生产要求。

任务描述

加工鸭嘴形榔头腰形孔图样如图 3-7 所示。本次任务主要是学习通过计算坐标划线的方法获得腰形孔的加工位置，进一步练习划线、钻孔、锉削等技能。加工中要注意工、量具的正确使用。

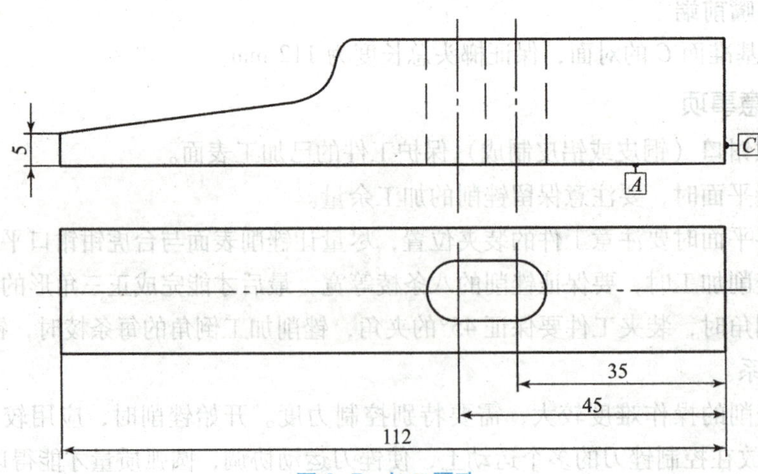

图 3-7 加工腰孔

任务分析

本任务主要是学习钻头的选择和钻床的操作方法，练习刃磨钻头和钻孔技能。通过本任务的学习，培养学生的职业素养，训练学生初步掌握钳工岗位中钻孔和小平面锉削的技能。

（一）麻花钻的构成

如图 3-8 所示，用钻头在工件上加工孔的方法，称为钻孔。

① 如图 3-9 所示，麻花钻由柄部、颈部和工作部分组成。

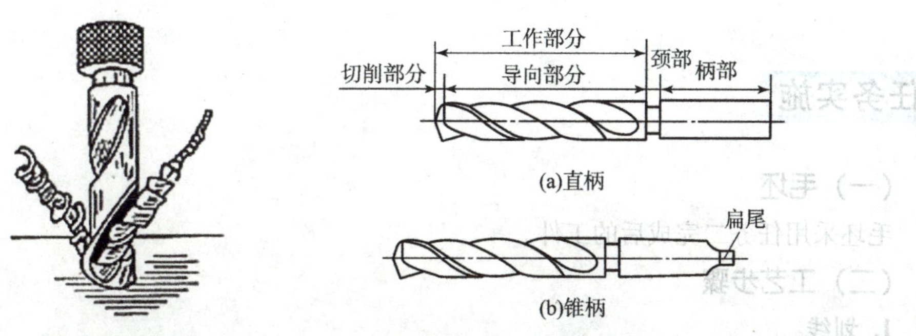

图 3-8 钻孔图　　图 3-9 麻花钻

② 麻花钻柄部形式有直柄和锥柄两种：一般直径小于 13 mm 的钻头做成直柄；直径大于 13 mm 的钻头做成锥柄。锥柄传递的转矩比直柄大。

③ 钻头的规格、材料和商标等刻印在颈部。

④ 麻花钻的工作部分又分为导向部分和切削部分。

（二）转速的调整

用直径较大的钻头钻孔时，主轴转速应较低；用小直径的钻头钻孔时，主轴转速可较高，但进给量要小。高速钢钻头的切削速度见表 3-3。

表 3-3 高速钢钻头的切削速度

工件材料	切削速度 $v/(\mathrm{m \cdot min^{-1}})$
铸铁	14～22
钢	16～24
青铜或黄铜	30～60

（三）冷却与润滑

钻孔时使用切削液可以减少摩擦，降低切削热，消除黏附在钻头和工件表面上的积屑瘤，提高孔表面的加工质量，提高钻头寿命，改善加工质量。钻孔时要加注足够的切削液。钻各种材料选用的切削液见表 3-4。

表 3-4　钻各种材料选用的切削液

工件材料	切　削　液
各类结构钢	3% ~5% 乳化液；7% 硫化乳化液
不锈钢、耐热钢	3% 肥皂加 2% 亚麻油水溶液；硫化切削油
铜、黄铜、青铜	5% ~8% 乳化液
铸铁	可不用；5% ~8% 乳化液；煤油
铝合金	可不用；5% ~8% 乳化液；煤油；煤油与菜油的混合油
有机玻璃	5% ~8% 乳化液；煤油

任务实施

（一）毛坯

毛坯采用任务二完成后的工件。

（二）工艺步骤

1. 划线

先用高度游标卡尺划出圆心的中心线，并打样冲眼，最后将样冲眼敲大，以便准确落钻定心。如图 3-10 所示。

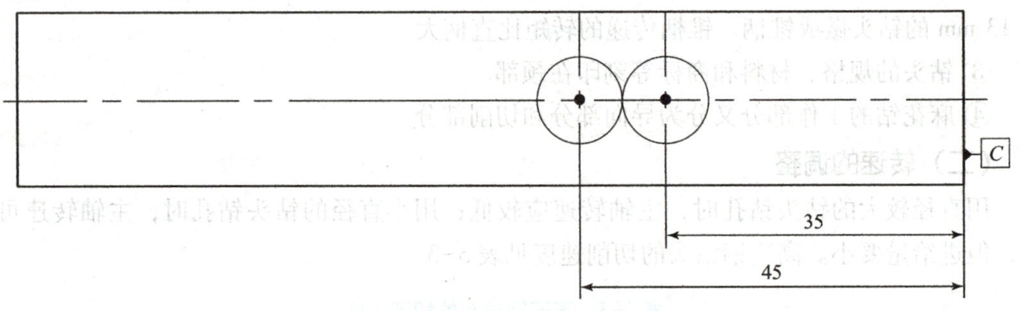

图 3-10　钻孔划线

2. 钻引导孔

先使用 $\phi2.5$ 钻头对准孔的中心钻出一浅坑，观察定心是否准确，并要校正，目的是使起钻浅坑与检查圆同心。当起钻达到钻孔的位置要求后，即可扳动手柄钻大约 2～3 mm 的孔。钻引导孔的目的是为了 $\phi10$ 孔钻得更加准确。

3. 钻通孔

用 $\phi10$ 钻头对准引导孔钻出一浅坑，观察定心是否准确，并要校正，当起钻达到钻孔的位置要求后，即可扳动手柄完成钻孔。

4. 锉削加工

① 先用圆锉将两个相切的圆锉通。锉削时要保护好两个半圆，防止圆锉锉伤已钻削好

的两个半圆。

② 再用方锉将凸起锉掉，并保留腰孔前后八个切点，保证圆弧与平面圆滑连接。

（三）注意事项

① 腰孔圆心的划线必须准确，打样冲眼时要保证样冲眼的最低点在圆心划线交点的正下方，才能保证钻孔的正确性。

② 钻 $\phi2.5$ 的工艺孔时，手动进给力量要均匀，防止钻头折断遗留到工件中，影响通孔的钻削加工。

③ 钻 $\phi10$ 的通孔时，防止两孔相交，钻削发生偏斜。

④ 钻削时要使用切削液进行冷却，为了钻头能更好地排屑，应经常提起钻头，以便切削液能流到孔中，保证钻头冷却。

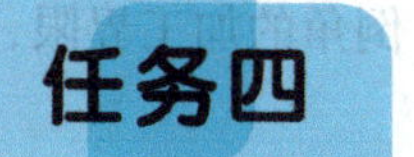

任务四 倒 角

知识目标

1. 能够读懂图纸进行倒角的加工。

能力目标

1. 掌握倒角加工的技巧。
2. 严格遵守安全文明生产要求。

任务描述

加工鸭嘴形榔头倒角图样如图 3-11 所示。本次任务主要是通过划线获得倒角的加工位置，进一步练习窄平面和顶点锉削技能。加工中要注意工、量具的正确使用。

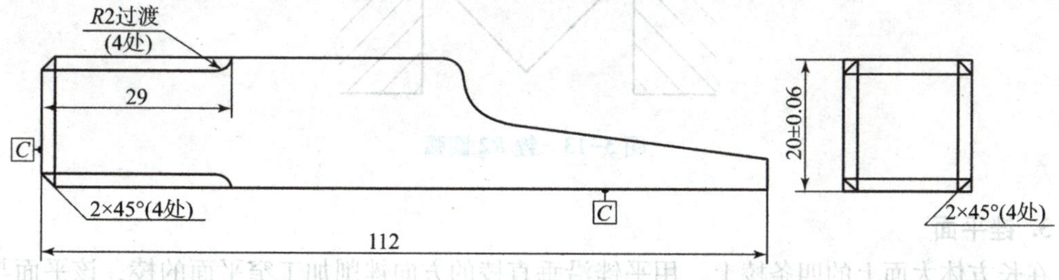

图 3-11 倒角

任务分析

本任务主要是学习使用不同的锉刀进行小平面的锉削加工。通过本任务学习，培养学生的职业素养，训练学生初步掌握钳工岗位中的小平面锉削技能。

任务实施

（一）毛坯

毛坯采用任务三完成后的工件。

（二）工艺步骤

1. 划线

用高度游标卡尺在四个大面上划出 29 mm 倒角的加工界限，如图 3-12 所示。

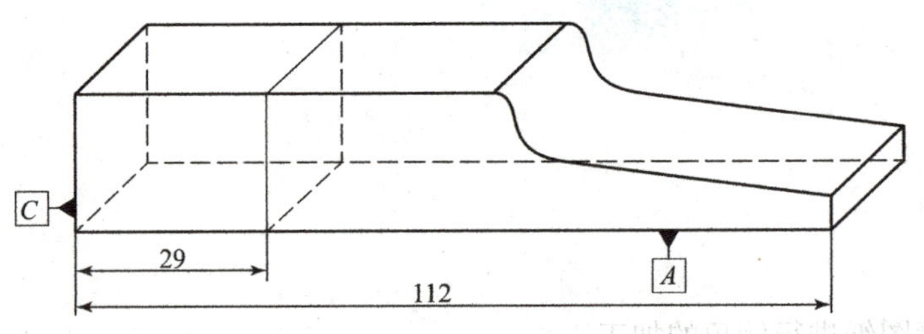

图 3-12　倒角划线

2. 锉 *R*2 圆锉

加工长方体上较长的棱，装夹相对的两条棱，装夹角度为 45°，如图 3-13 所示。用圆锉锉削加工 *R*2 圆弧，圆弧起点为 29 mm 的加工界限。四条棱分别加工四个圆弧 *R*2。

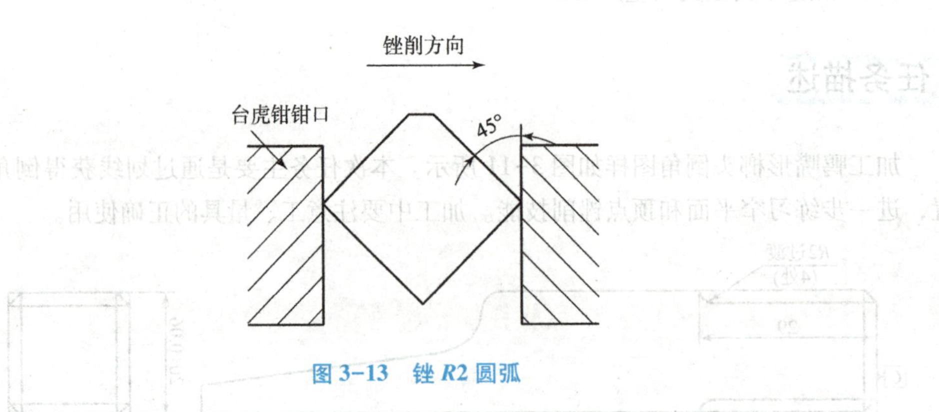

图 3-13　锉 *R*2 圆弧

3. 锉平面

在长方体大面上的四条棱上，用平锉沿垂直棱的方向锉削加工窄平面的棱，该平面与上

面加工好的 *R*2 圆滑连接。四条棱的倒角采用相同的加工工艺。

4. 锉削加工基准面 *C* 的四条棱

将工件装夹到台虎钳上，装夹时要保证锉削棱的位置为 45°夹角，如图 3-14 所示。用平锉沿垂直棱的方向锉削加工窄平面，平面的宽度与之前锉好的四条棱等宽。

5. 锉削四个顶点

调整工件装夹位置，将工件基准面 *C* 的四个顶点的锉削平面装夹到要锉削的角度，用平锉锉削加工四个正三角形。

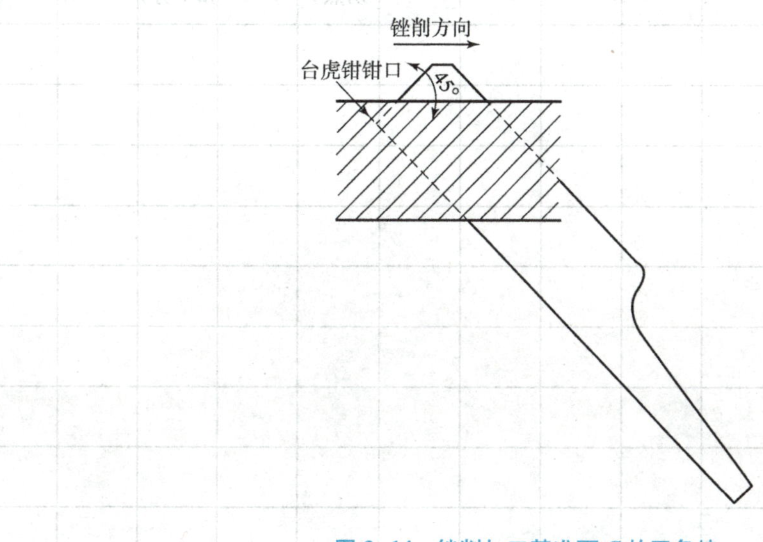

图 3-14 锉削加工基准面 *C* 的四条棱

（三）注意事项

① 锉削八条棱时，工件每次装夹都要保证是 45° 夹角。装夹棱的时候要注意装夹到 29 mm以内，防止将不做倒角的棱夹坏。装夹已加工完倒角的棱要注意保护好锉削完的表面。

② 锉削 *R*2 圆弧时，防止圆弧超出 29 mm 的界限。圆弧要保证与平面圆滑连接。

③ 八条棱的倒角的锉削方向都应该是垂直棱的方向，即锉纹方向为垂直棱的方向。

④ 锉削加工八条棱时，锉刀必须端平进行锉削，要保证锉削的平面与其他面为 45° 夹角，且八条棱的宽度必须相等。

⑤ 锉削顶点时，锉削力度要小一些，因锉削余量很小，如果用力过度，正三角形就变成多边形了。

任务评价

鸭嘴形榔头制作配分表见表 3-5。

表 3-5　鸭嘴形榔头配分表

学号	姓名	评分要素及配分标准											得分
		20±0.06（4分×2）	平行度 0.1（4分×2）	垂直度 0.12（4分×2）	$R3$、$R8$ 斜平面的圆滑连接（12分）	斜面平直度 0.05（10分）	腰孔长度 10±0.2（10分）	腰孔对称度 0.1（10分）	$R5$ 圆弧连接圆滑（2分×8个切点）	倒角尺寸 2×45°（2分×8）	表面粗糙度 $Ra \leqslant 3.2\ \mu m$（每面扣1分）	文明生产		
1													
2													
3													
4													
5													
6													
7													
8													
9													
10													
11													

指导教师：　　　　　　　　　　实训班级：　　　　　　　　　　实训日期：

项目四 内外六边形的配合

本项目主要学习整形锉的使用，学习闭式结构配合件的修配技能，掌握有形配合件的锉配技巧。通过本项目的学习和训练，能够完成图 4-1 所示的内外六方配。

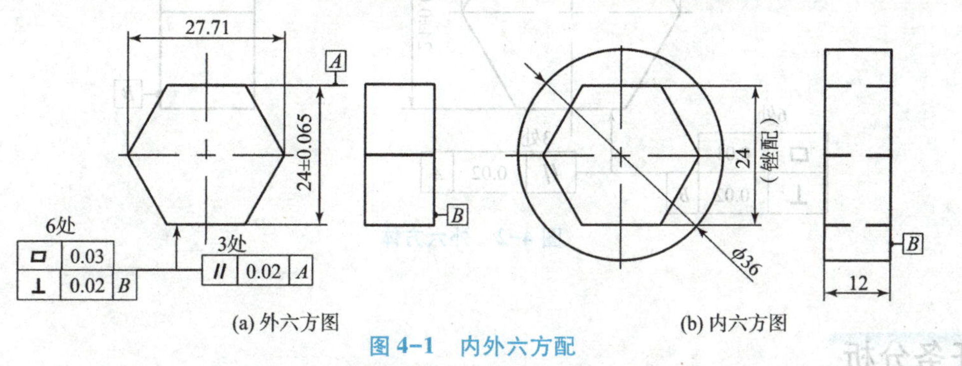

图 4-1　内外六方配

任务一　外六方的加工

知识目标

1. 掌握正六边形的划线方法。
2. 掌握外六方的加工工艺。

3. 了解万能角度尺的性能。

能力目标

1. 掌握六方体的加工技巧。
2. 能进行正六边形的划线和准确的测量。
3. 会选用锉刀加工内外六方锉配件。
4. 自制和使用专用角度样板（120°内、外角度样板）对工件进行正确的测量。
5. 会使用万能角度尺。

任务描述

加工外六方体图样如图 4-2 所示。本次任务主要是学习正六边形的划线方法，进一步掌握六方体的加工技巧。加工中要注意工、量具的正确使用。

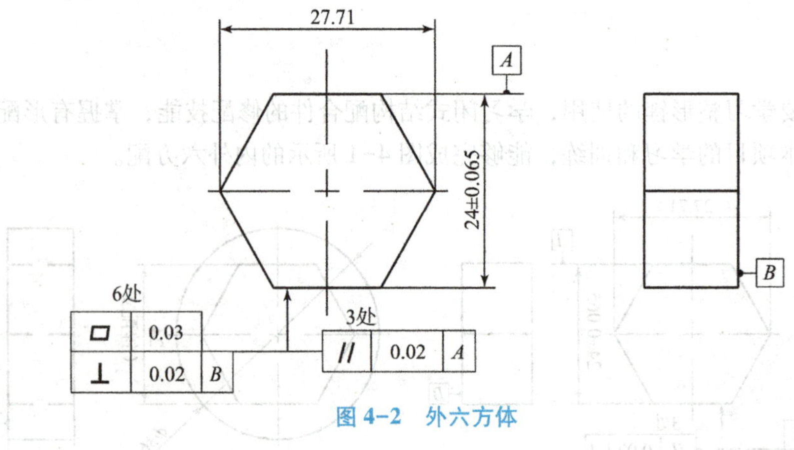

图 4-2　外六方体

任务分析

本任务为外六方体的锯削锉削加工。要使用划线工具对正六边形进行划线，训练学生掌握锉削时平面度、角度的锉削技巧。因为外六方体为基准，内六方体为配件，所以外六方体精度要求要更高一些。

相关知识

1. 六方体工件的加工方法

为了能同时保证六方体对边尺寸、120°角度及边长相等的要求，各面的加工步骤应遵循以下原则：先加工基准面，然后加工平行面，最后依次加工角度面，如图 4-3 所示。

为保证测量可靠，加工时并不直接测量六边形的边长 B，而是测量对边尺寸 A，如图 4-4

所示。如果图样标注的是边长尺寸，则必须进行换算得到对边尺寸 A。计算方法如下：

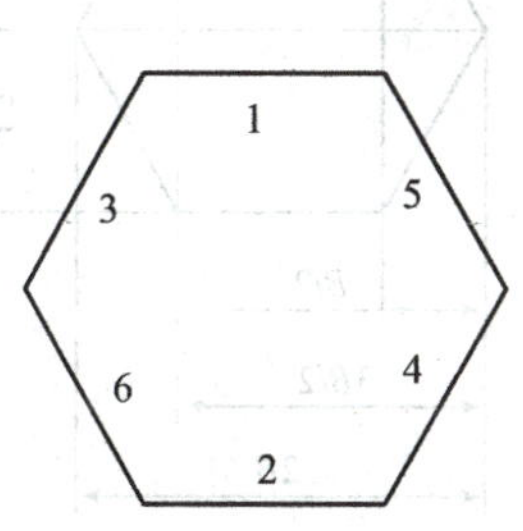

图 4-3 六方体的加工顺序

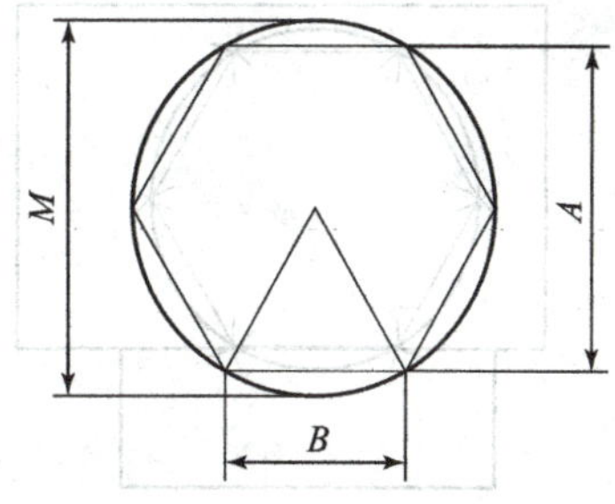

图 4-4 六方体的尺寸

$$A=2B\cos 30^\circ=1.732B$$

如果六边形的毛坯是半径为 R 的圆柱体，为保证后续各加工面的余量，则在加工第一面时需求出 M 尺寸：

$$M=\frac{A}{2}+R=0.866B+R$$

2. 六方体工件的划线方法

明确加工顺序后，在进行锉削之前，要进行划线。根据不同的情况，六边形的划线可以采用不同的方法。

（1）圆弧等分法

由几何知识可知，如果以圆半径等分圆周，可将圆周六等分。如果图样上给出的六边形边长为 B，即可以尺寸 B 为半径划圆周，将圆周六等分后依次连接各等分点，即可得到六边形。如果是使用板料加工六边形，为充分利用材料上已有的一个基准面，可将圆心定在离基准面距离为 $A/2$ 处。为便于划出整圆周，可将相同厚度的板料靠在基准面上，在等分圆周时，注意要将两个等分点划在基准面的边上，如图 4-5 所示。

（2）边长角度法

该方法是根据图样上给出的边长值 B 及六边形的内角为 120°的已知条件，利用游标万能角度尺和钢直尺依次划出六边形的各条边。使用该方法一定要保证划线的准确性，否则由于积累误差，将可能使划出的六边形达不到正六边形的要求。

六方件的划线方法

（3）坐标法

该方法是通过计算得出六边形各顶点的坐标，利用高度尺在垂直的两个方向划出后再依次连接各交点即可，如图 4-6 所示。使用该方法所划出的六边形是最精确的，但计算和划线较为繁琐，且必须有两个相互垂直的基准面，辅助加工时间较长。

（4）圆料工件的划线

在圆料工件上划六方体的方法是将其放置在 V 形铁上，调整高度尺至圆柱形工件中心位置，划出图 4-7（a）所示的中心线，并记下高度尺的数值，按六方体的对边距离，调整高度尺划出图 4-7（b）所示的与中心线平行的六方体两对边线，然后顺次连接图 4-7（c）所示的圆上各交点即可。

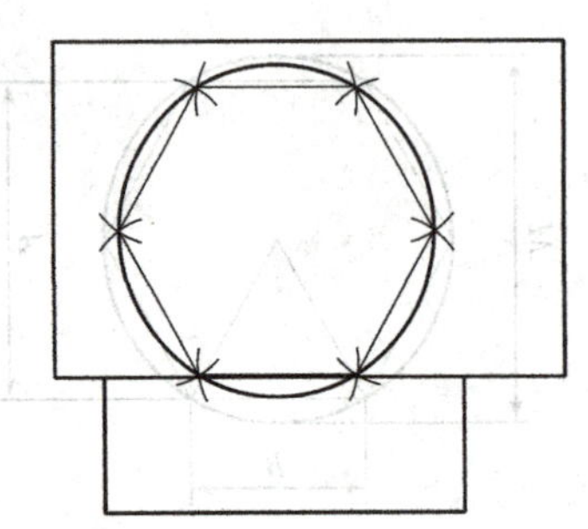

图 4-5　用圆弧等分法划六边形

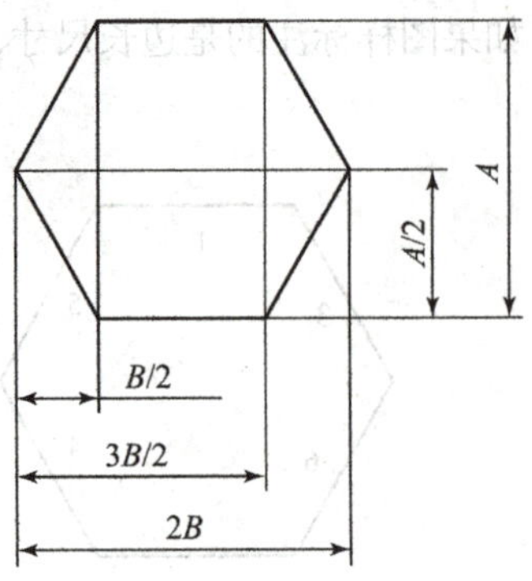

图 4-6　用坐标法划六边形

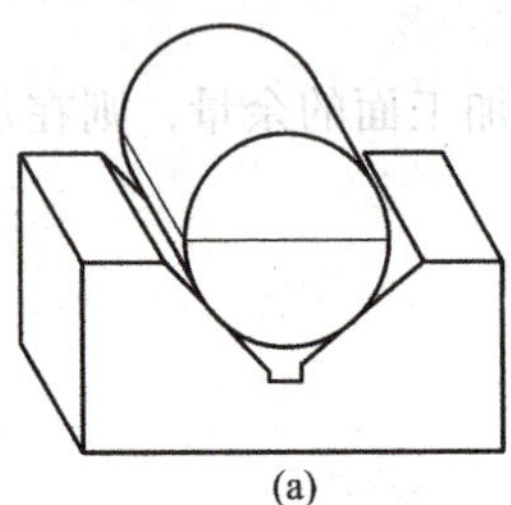

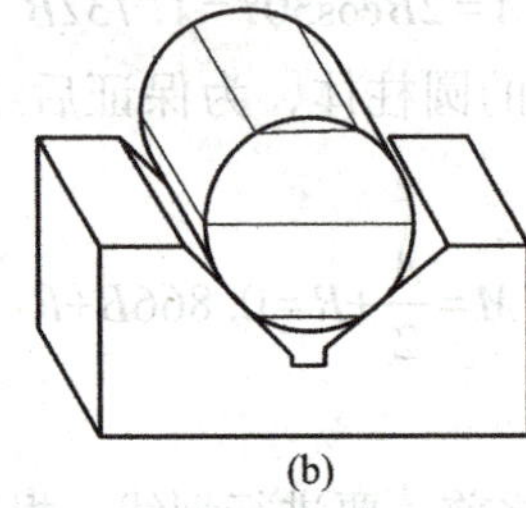

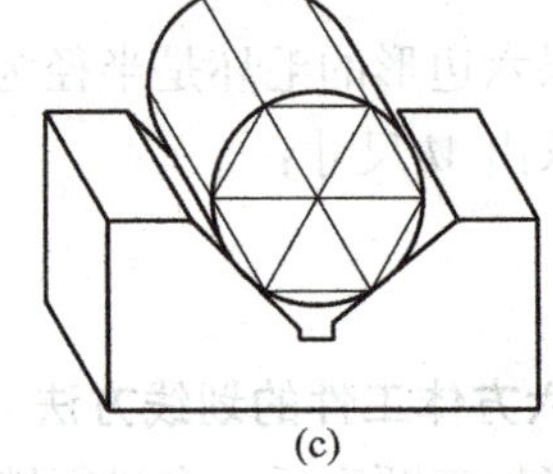

图 4-7　圆料工件划六边形

任务实施

（一）毛坯

根据图样进行下料，毛坯为 $\phi30\times14$ 的圆棒料，两端面为锯削平面。

（二）工艺步骤

① 锉削加工两个端面，使两个端面达到图纸的平面度、平行度和厚度要求。其中一个端面为基准面 B。

② 在基准面 B 上进行划线，用划线工具进行划正六边形的线。

③ 件 1 的加工步骤见表 4-1。

表 4-1　件 1 的加工步骤

步骤	加工内容	图　示
1	按图样要求在基准面 B 上划线	$\phi28$　24　B

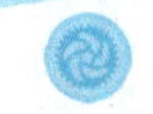

续表

步骤	加工内容	图示
2	锉削加工基准面（第一面）	
3	锉削加工基准面的对面（第二面）	
4	锉削加工基准面的邻面（第三面）	
5	锉削加工第三面的对面（第四面）	

续表

步骤	加工内容	图示
6	锉削加工基准面的另一个邻面（第五面）	27±0.03；120°±10′；12；▱ 0.03；⊥ 0.02 B；B
7	锉削加工第五面的对面（第六面）	24±0.065；120°±10′；12；▱ 0.03；⊥ 0.02 B；B

（三）注意事项

① 锉削加工一定要按照加工工艺进行。

② 外六方的六个120°角及对边尺寸要正确，才能保证其配合误差。

③ 为达到转位互换配合精度，外六方各面的加工误差要尽量小。

任务二 内六方体的加工

知识目标

1. 掌握内六方的加工工艺。
2. 了解影响锉配精度的因素。

能力目标

1. 能检查并修正锉配件的误差。

2. 掌握几何精度的控制方法。
3. 掌握内外六方配的锉配方法，达到配合精度要求。
4. 练习钻排孔，控制锯削余量。
5. 掌握闭式结构配合件的修配技能。

任务描述

加工内六方体图样如图 4-8 所示。本次任务主要是学习用加工完成的外六方体来加工内六方体，进一步掌握有形配合件的加工技巧。

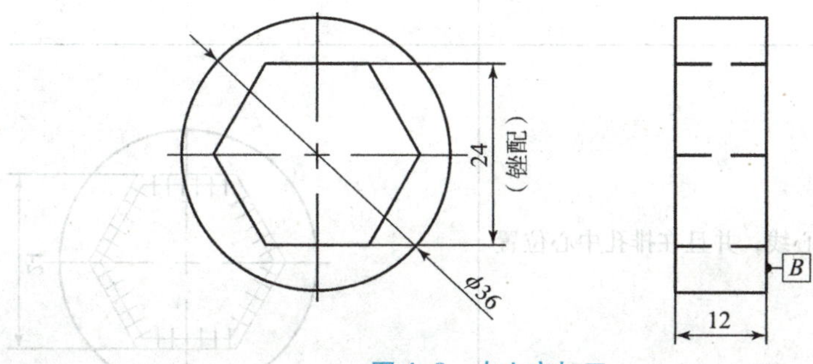

图 4-8 内六方加工

任务分析

本任务为内外六方配合件，其配合精度要求高，要根据已加工好的外六方体来加工内六方体，要通过划线、锯削、锉削完成配合件。

任务实施

(一) 毛坯

根据图样进行下料，毛坯为 $\phi36\times14$ 的圆棒料，两端面为锯削平面。

(二) 工艺步骤

① 锉削加工两个端面，使两个端面达到图纸的平面度、平行度和厚度要求。其中一个端面为基准面 *B*。

② 在基准面上进行划线，用划线工具进行正六边形的划线。

③ 工件 2 的加工步骤见表 4-2。

表 4-2　工件 2 的加工步骤

步骤	加工内容	图　示
1	按图样要求在基准面 B 上划线	24　ϕ36　B　12
2	划各排孔中心线，并且在排孔中心位置打样冲眼	24
3	用直径 2 mm 的钻头钻出内六方孔线内排孔	24
4	用直径 12 mm 的钻头钻工艺孔	24

续表

步骤	加工内容	图示
5	打工艺孔后，分割余料	24
6	錾切余料	24
7	粗、精锉加工内六方体。粗锉时按线粗锉，六个面的加工工艺与外六方件相同，并留精锉余量。精锉时用外六方件试配加工内六方各面	

（三）注意事项

① 因为内六方件的边较多，在排孔时要排好，才能提高粗锉精度。

② 在试配过程中，试配件要轻敲，严禁用力，以免两件“咬死”。

③ 为使配合件推进推出平滑自如，必须做到六方体的六个面与端面垂直度误差尽量小。

④ 在内六方清角时，锉刀推出要慢而稳，紧靠临边直锉，以防锉坏邻面或锉成圆角。

⑤ 锉配时，应认面定向进行，故必须做好标记。为取得转位互换配合精度，不能轻易修整外六方体。当外六方体必须修整时，应进行反复测量后找出误差，再加以适当修整。

任务评价

内外六方体配合件制作配分表见表 4-3。

表 4-3　内外六方体配合件配分表

学号	姓名	评分要素及配分标准										得分
		外六方体				内六方体				配合效果		
		22.5±0.06（3处）9分（超差1处扣3～9分）	120°（6处）六角清晰12分（超差扣2～12分）	平行度0.04（3处）6分（超差1处扣2分）	垂直度0.04（6处）6分（超差1处扣1分）	22.5±0.06（3处）9分（超差1处扣3～9分）	120°（6处）六角清晰12分（超差扣2～12分）	平行度0.04（3处）6分（超差1处扣2分）	垂直度0.04（6处）6分（超差1处扣1分）	配合间隙≤0.03（6处）24分（超差1处扣4分）	互换性10分（超差1处扣2分）	
1												
2												
3												
4												
5												
6												
7												
8												
9												
10												
11												

指导教师：　　　　　　　　　　　实训班级：　　　　　　　　　　　实训日期：

项目五

阶梯配（梯形配）

本项目主要学习锉配阶梯配，掌握对称度的测量方法，初步掌握对称形体工件的加工方法，掌握盲配件的加工工艺。通过本项目的学习和训练，能够完成如图 5-1 所示零件的阶梯配。

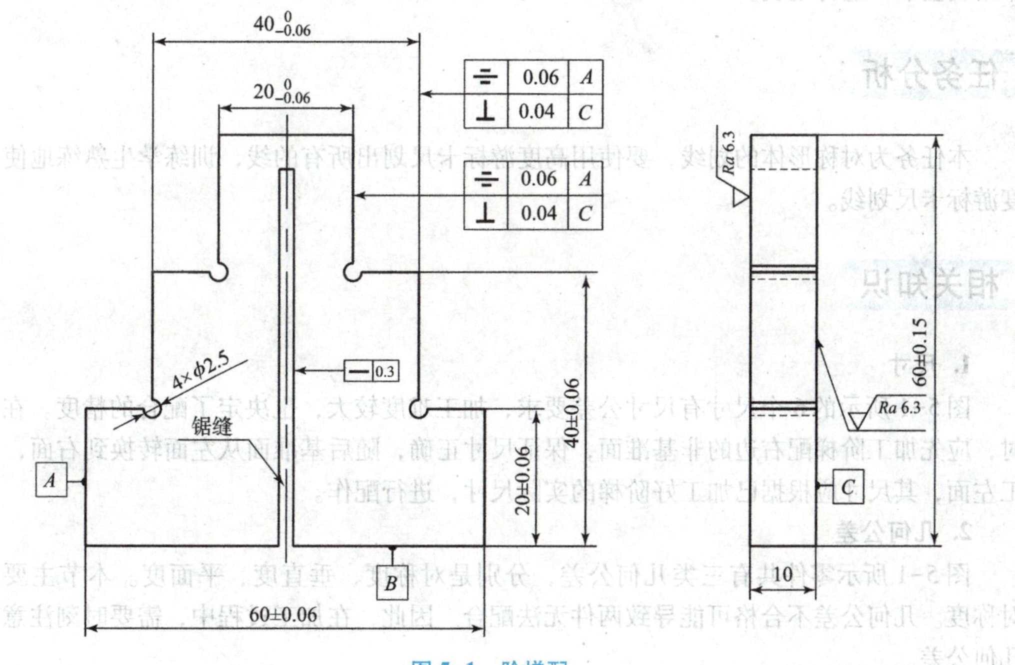

图 5-1　阶梯配

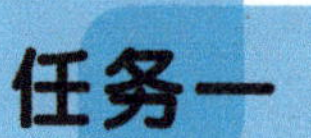

任务一　工艺分析和划线

知识目标

1. 学习对称度的概念。
2. 理解对称度误差对配合精度的影响。

能力目标

1. 掌握具有对称度要求工件的划线方法。
2. 掌握对称度检测方法。

任务描述

加工梯形配图样如图 5-1 所示。本次任务主要是根据图样分析阶梯配的加工工艺，制作划线基准，进行划线。

任务分析

本任务为对称形体的划线，要使用高度游标卡尺划出所有的线，训练学生熟练地使用高度游标卡尺划线。

相关知识

1. 尺寸

图 5-1 所示的 6 个尺寸有尺寸公差要求，加工难度较大，也决定了配合的精度。在加工时，应先加工阶梯配右边的非基准面，保证尺寸正确，随后基准面从左面转换到右面，再加工左面，其尺寸应根据已加工好阶梯的实际尺寸，进行配作。

2. 几何公差

图 5-1 所示零件共有三类几何公差，分别是对称度、垂直度、平面度。本节主要介绍对称度。几何公差不合格可能导致两件无法配合。因此，在加工过程中，需要时刻注意控制几何公差。

3. 基准及工艺孔

图 5-1 所示零件共有三个基准，基准 *A* 表示以工件小平面为基准；基准 *B* 表示以基准 *A*

相邻的小平面为基准；基准 C 表示以工件大平面为基准。A、B 平面需要锉削加工，C 平面不加工。为方便加工，零件上还需加工 4 个工艺孔。

任务实施

（一）毛坯

根据图样进行下料，毛坯为 65 mm×65 mm×10 mm 的板块。

（二）工艺步骤

工艺步骤见表 5-1。

表 5-1　工艺步骤

步骤	加工内容	图　示
1	制作划线基准，粗、精锉平面 A；再以 A 面为基准，加工平面 B，并保证两者的垂直度和平面度	A C B
2	以平面 A 为基准面划线，用高度游标卡尺划 10 mm、20 mm、30 mm、40 mm、50 mm、60 mm 线	A 0 10 20 30 40 50 60 B
3	以平面 B 为基准面划线，用高度游标卡尺划 20 mm、40 mm、60 mm 的线	60 A 40 20 0 10 20 30 40 50 60 B

续表

步骤	加工内容	图　示
4	在（10，20）（20，40）（40，40）（50，10）4个交点打样冲眼，然后用ϕ2.5钻头钻4个工艺孔	60 A 40 20 0 10 20 30 40 50 60 B

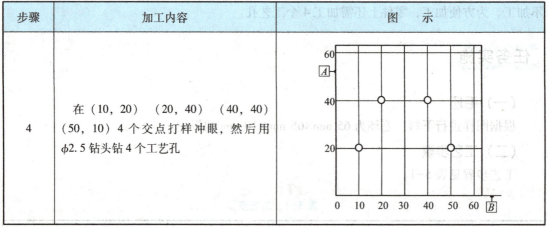

（三）注意事项

① 在打样冲眼前，必须对划线、尺寸反复校验，确认无误后，才能打样冲眼。

② 工艺孔的位置一定要钻正。

③ 阶梯配盲配加工的难点在于尺寸的控制。因此，从划线开始，每一步工序都要适时检测，以保证尺寸正确。

任务二　锯、锉削加工非基准面

知识目标

1. 掌握对称形体工件的测量方法。
2. 掌握盲配的加工方法，了解盲配的加工技巧。
3. 巩固锯削、钻削加工技能，进一步提高测量的正确性。

能力目标

1. 巩固窄平面锉削技能。
2. 掌握对称度加工方法。

任务描述

加工梯形配图样如图5-2所示。本次任务主要是根据图样加工基准面的对面。加工中

要注意尺寸要求，保证对称度。

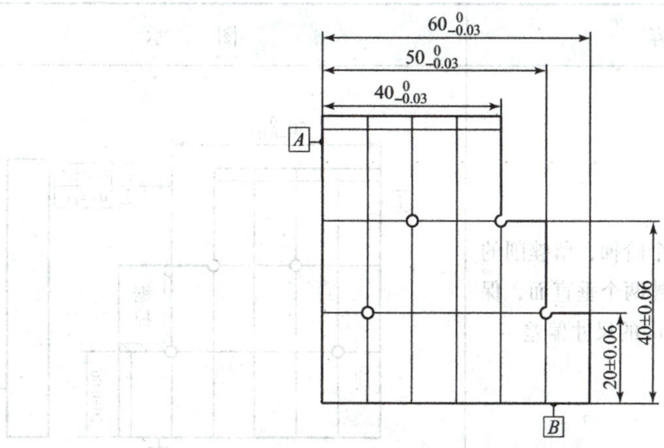

图 5-2 加工梯形配图样

任务分析

本任务为阶梯配基准面对面的两个阶梯的锯削、锉削加工，因为要保留基准面，先锉削一面的阶梯，所以这一面的阶梯精度要更高一些。

任务实施

（一）毛坯

毛坯采用任务一完成后的工件。

（二）工艺步骤

工艺步骤见表 5-2。

表 5-2 工艺步骤

步骤	加工内容	图 示
1	锯削梯形配右边第一个阶梯，留锉削的加工余量，然后粗、精锉两个垂直面，保证尺寸精度，控制 40 mm 的尺寸偏差	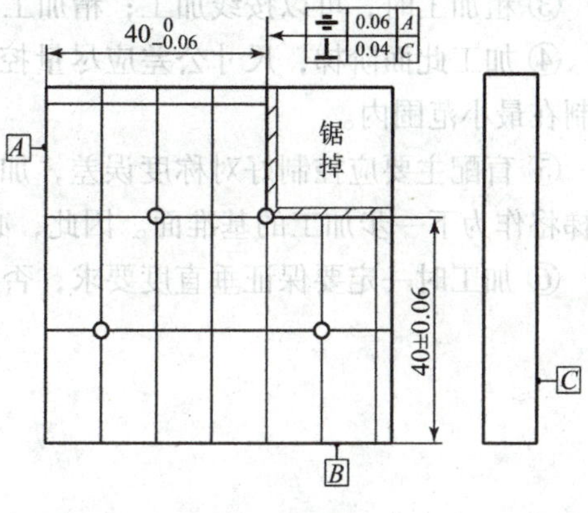

续表

步骤	加工内容	图　示
2	锯削梯形配右边第一个阶梯，留锉削的加工余量，然后粗、精锉两个垂直面，保证尺寸精度，控制 50 mm 的尺寸偏差	$50_{-0.03}^{0}$ 0.06 A 0.04 C 锯掉 20 ± 0.06 A B C
3	粗、精锉最后一个窄面，保证尺寸精度，控制 60 mm 的尺寸偏差	60 ± 0.06 A B

（三）注意事项

① 锯削之前，一定要保证是锯削基准面对面，必须确定加工轮廓线后才能进行锯削，锯削时一定要留锉削的加工余量。

② 锉削工艺孔周边的平面时，要保护好已加工表面。

③ 粗加工时，可以按线加工；精加工时，一定要按照计算好的工艺尺寸进行加工。

④ 加工此面阶梯，尺寸公差应尽量控制到零位，以便于计算；垂直度、平行度误差应控制在最小范围内。

⑤ 盲配主要应控制好对称度误差，加工一面的阶梯必须要控制好尺寸精度，加工好的阶梯将作为下一步加工的基准面。因此，必须保证精度，否则无法保证对称度。

⑥ 加工时一定要保证垂直度要求，否则配合间隙会很大。

任务三 锯削、锉削加工基准面

知识目标

1. 了解基准面转换的概念。
2. 了解影响盲配精度的因素。
3. 掌握几何精度的控制方法。
4. 掌握保证对称度的方法。

能力目标

1. 掌握阶梯配的配锉工艺。
2. 掌握误差对阶梯盲配的影响，会分析、解决锉配中的问题。

任务描述

加工梯形配图样如图 5-3 所示。本次任务主要是锯削基准面，基准面发生转移，完成另一面的阶梯锉削，并保证对称度。

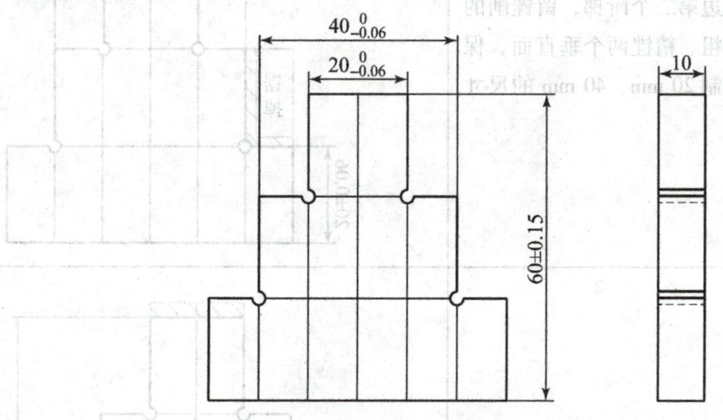

图 5-3 加工梯形配图样

任务分析

本任务为阶梯配基准面的两个阶梯的加工，在基准面发生转移的情况下，保证锉削完成

的阶梯能与已加工好的阶梯进行配合。

任务实施

（一）毛坯

毛坯采用任务二完成的工件。

（二）工艺步骤

工艺步骤见表 5-3。

表 5-3　工艺步骤

步骤	加工内容	图　示
1	基准面从左面转移到右边已经加工好的三个阶梯面，锯削梯形配左边第一个阶梯，留锉削的加工余量，然后粗、精锉两个垂直面，保证尺寸精度，控制 20 mm、40 mm 的尺寸偏差	$20_{-0.06}^{0}$ 锯掉 40±0.06
2	锯削梯形配左边第二个阶梯，留锉削的加工余量，然后粗、精锉两个垂直面，保证尺寸精度，控制 20 mm、40 mm 的尺寸偏差	$40_{-0.06}^{0}$ 锯掉 20±0.06
3	粗、精锉阶梯配最上面的面，保证尺寸精度	60±0.15

续表

步骤	加工内容	图　示
4	沿着中缝线锯削梯形配，留 5 mm 余量不锯削	
5	全面检查，作必要修整、修光、倒棱，打标记，交检	
6	锯断 5 mm 连接处，检测配合情况	

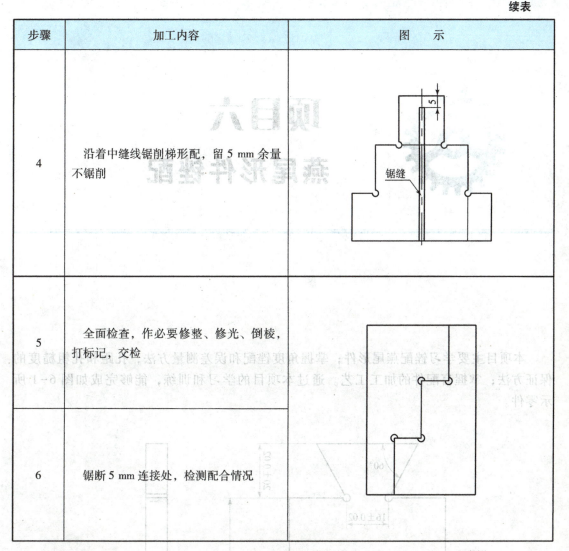

（三）注意事项

① 锯削之前，必须上交进行尺寸检测。

② 锉削工艺孔周边的平面时要保护好已加工表面。

③ 一面阶梯已经完成，为了保证对称度，必须严格控制尺寸精度。

④ 加工时一定要保证垂直度要求，否则配合间隙会很大。

⑤ 加工结束后，倒棱角，去除毛刺，以免影响配合效果。

⑥ 锯削时锯口直线度要把握好。

项目六 燕尾形件锉配

本项目主要学习锉配燕尾形件；掌握角度锉配和误差测量方法，孔距和孔粗糙度的保证方法；掌握盲配件的加工工艺。通过本项目的学习和训练，能够完成如图 6-1 所示零件。

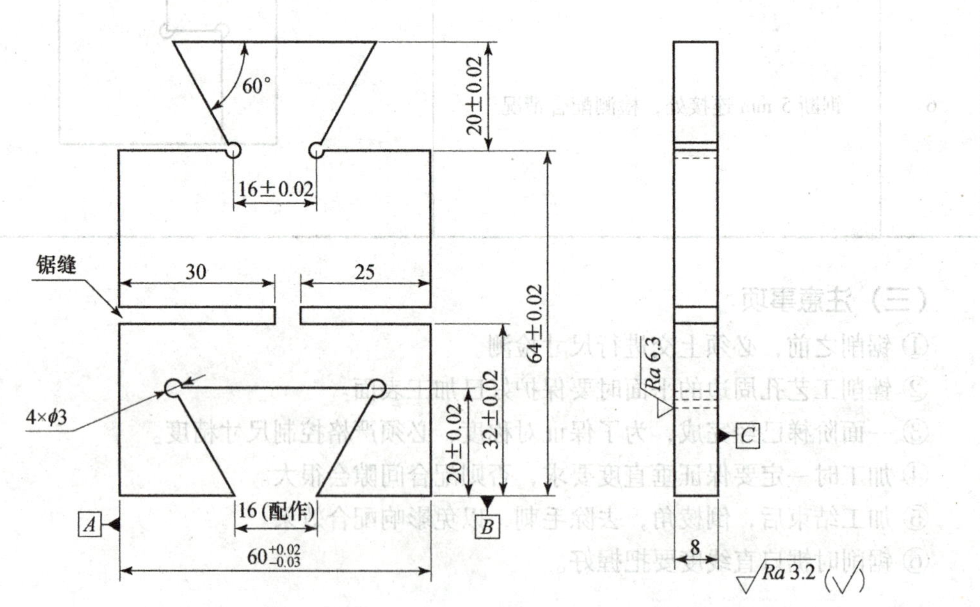

图 6-1　燕尾形件锉配

任务一 工艺分析和划线

知识目标

1. 掌握角度锉配方法。
2. 了解影响盲配精度的因素。
3. 掌握几何精度的控制方法。

能力目标

1. 掌握具有对称度要求的配合件的划线和工艺保证方法。
2. 掌握检查和修正锉配误差的方法。

任务描述

加工燕尾形件锉配图样如图 6-1 所示。本次任务主要是根据图样分析燕尾形件的加工工艺，然后制作划线基准，进行划线加工。

任务分析

本任务为制作燕尾形件锉配，其精度要求较高，须控制尺寸精度及保证配合要求，并保证角度精度以及孔距精度。在加工过程中需要通过锯削、锉削、研磨达到图样要求。通过本次任务的学习和训练，学生应掌握一般量具的制作过程和方法。

相关知识

1. 燕尾角度测量

燕尾的位置尺寸可以使用测量棒或者 60°V 形铁测量，一般采用间接测量法。加工过程中，需要测量单燕尾和双燕尾。

（1）单燕尾角度测量及计算

因为 L_0 尺寸无法直接测量，所以需要借助圆柱测量棒测量 L 值，间接测量 L_0 尺寸，如图 6-2 所示。

计算公式如下：

$$L_1=\frac{d}{2}\cot\frac{\alpha}{2}+\frac{d}{2}$$

$$L_0=\frac{L_3}{2}+\frac{L_4}{2}$$

$$L=L_0+L_1=\frac{L_3}{2}+\frac{L_4}{2}+L_1$$

式中　d——圆柱测量棒的直径尺寸（mm）；

　　α——燕尾的角度值。

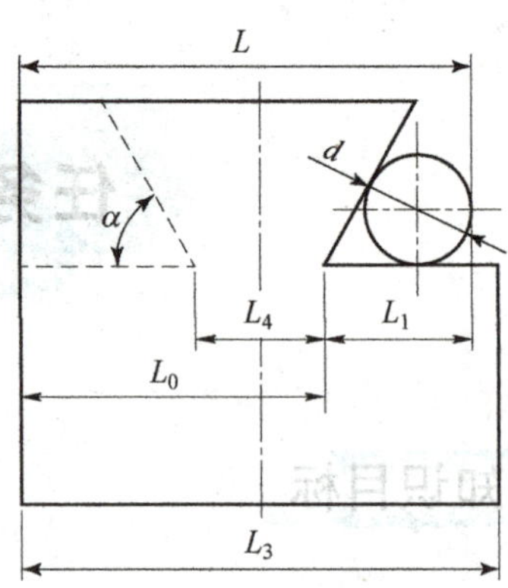

图 6-2

（2）双燕尾角度斜面测量及计算

因为 L_4 尺寸无法直接测量，所以需要借助双圆柱测量棒测量 L 值，间接测量 L_4 尺寸，如图 6-3 所示。

计算公式如下：

$$L_1=\frac{d}{2}\cot\frac{\alpha}{2}+\frac{d}{2}$$

$$L=L_4+L_1+L_2$$

式中　d——圆柱测量棒的直径尺寸（mm）；

　　α——燕尾的角度值。

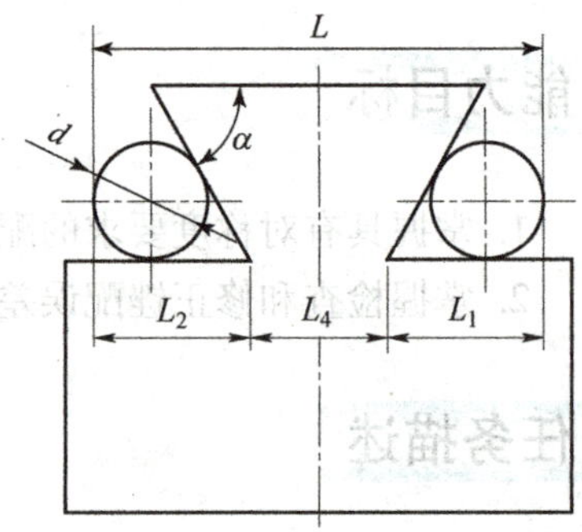

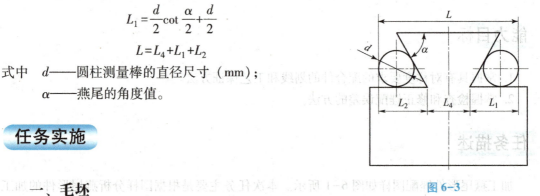

图 6-3

任务实施

一、毛坯

根据图样进行下料，毛坯为 65×90×8 的板块。

二、工艺步骤

工艺步骤见表 6-1。

表 6-1　工艺步骤

步骤	加工内容	图　示
1	制作划线基准，粗、精锉平面 A，用透光检测法检测直线度和平面度，并保证 A 面与 C 面两者的垂直度	A　C

续表

步骤	加工内容	图示
2	以平面 *A* 为基准面，粗、精锉平面 *B*，用透光检测法检测直线度和平面度，并保证 *B* 面与 *C* 面两者的垂直度	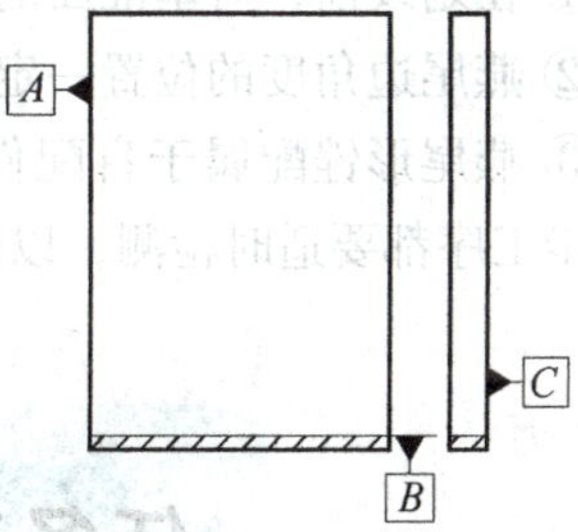 A C B
3	以平面 *A* 为基准面划线，用高度游标卡尺划 22 mm、30 mm、35 mm、38 mm、60 mm 的线	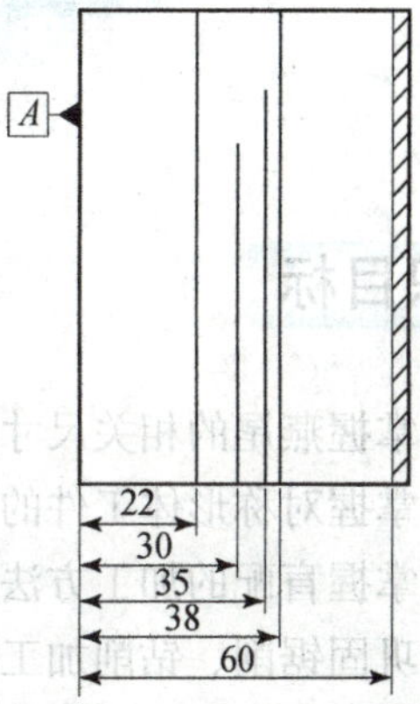 A 22 30 35 38 60
4	以平面 *B* 为基准面划线，用高度游标卡尺划 20 mm、32 mm、35 mm、64 mm、84 mm 的线	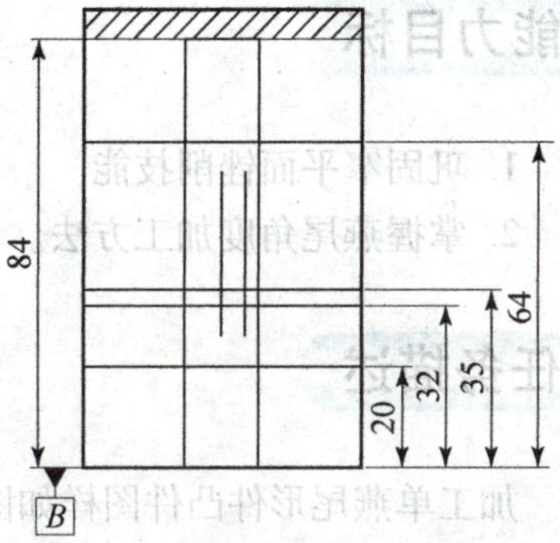 84 64 35 32 20 B
5	以 *B* 面为基准，借助 V 形铁，用万能角度尺划出四条燕尾斜边加工线	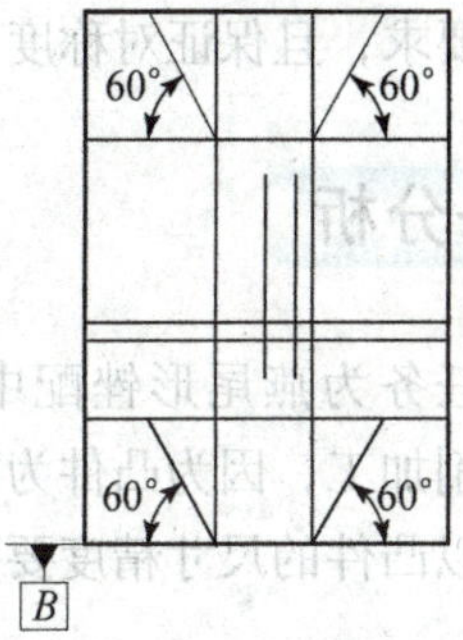 60° 60° 60° 60° B

三、注意事项

① 在划线前，对基准面的的平面度、垂直度反复校验，确认无误后，才能开始划线。

② 燕尾边角度的位置一定要划线准确。

③ 燕尾形锉配属于盲配件，加工的难点在于尺寸和角度的控制，因此，从划线开始，每一步工序都要适时检测，以保证尺寸正确。

任务二　锯、锉削燕尾凸件

知识目标

1. 掌握燕尾的相关尺寸和计算方法。
2. 掌握对称形体工件的测量方法。
3. 掌握盲配的加工方法，了解盲配的加工技巧。
4. 巩固锯削、钻削加工技能，进一步提高测量的正确性。

能力目标

1. 巩固窄平面锉削技能。
2. 掌握燕尾角度加工方法。

任务描述

加工单燕尾形件凸件图样如图 6-4 所示。本次任务主要是根据图样加工燕尾凸件。加工中要注意尺寸及角度要求，且保证对称度。

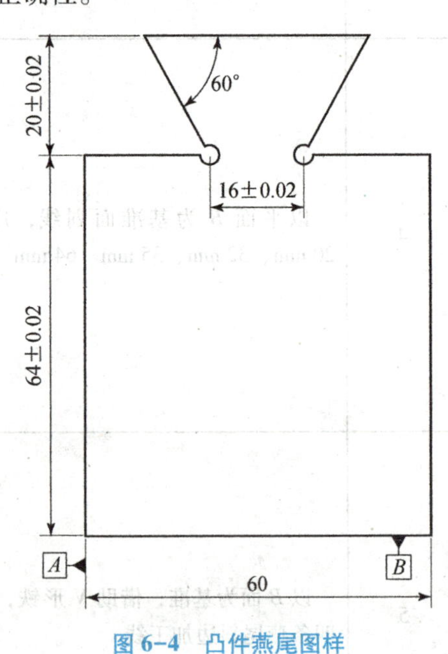

图 6-4　凸件燕尾图样

任务分析

本任务为燕尾形锉配中的凸件加工，要进行锯削、锉削加工，因为凸件为标准件，凹件要与之相配作，所以凸件的尺寸精度要更高一些。

任务实施

一、毛坯

毛坯采用任务一完成后的工件。

二、工艺步骤

工艺步骤见表 6-2。

表 6-2　工艺步骤

步骤	加工内容	图　示
1	打样冲眼，钻 4×ϕ3 mm 工艺孔，钻 ϕ3 mm 燕尾形（凹）排孔	ϕ3
2	锯削燕尾右上角台肩处多余部分	
3	粗、精锉右上角燕尾达到图样要求，保证 20±0.02 mm、64±0.02 mm 实际尺寸，并且用单圆柱测量棒测量，圆柱测量棒到 A 面的尺寸为 54.39 mm（圆柱测量棒直径为 ϕ12 mm），用游标万能角度尺检测 60°角	54.39 60° 20±0.02 64±0.02 A

续表

步骤	加工内容	图示
4	反复测量凸件尺寸及角度，保证尺寸精度	
5	锯削左上角燕尾台肩处多余部分	
6	粗、精锉左上角燕尾达到图样要求，保证 20±0.02 mm、64±0.02 mm 实际尺寸，并且用双圆柱测量棒测量尺寸为 48.78 mm（圆柱测量棒直径为 ϕ12 mm），用游标万能角度尺检测 60°角	48.78 60° 20±0.02 64±0.02

三、注意事项

① 锯削之前，必须确定加工轮廓线后才能进行锯削，锯削时一定要留锉削的加工余量。
② 锉削工艺孔周边的平面要保护好已加工表面。
③ 粗加工时，可以按线加工；精加工时一定要按照计算好的工艺尺寸进行加工。
④ 加工燕尾凸件，尺寸公差尽量控制到零位，便于计算。
⑤ 盲配主要应控制好尺寸和角度误差，因此加工燕尾凸件必须要控制好尺寸精度。

任务三 锯、锉削燕尾凹件

知识目标

1. 了解影响盲配精度的因素。
2. 掌握几何精度的控制方法。
3. 掌握角度的锉削方法和测量方法。

能力目标

1. 掌握燕尾形锉配的配锉工艺。
2. 掌握误差对燕尾盲配的影响，会分析、解决锉配中的问题。

任务描述

加工单燕尾形件凹件图样如图 6-5 所示。本次任务主要是根据图样加工燕尾凹件。加工中要注意尺寸及角度要求，且保证对称度。

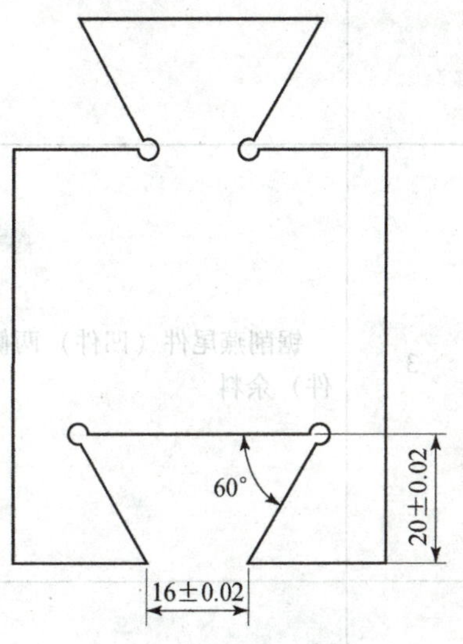

图 6-5　凹件燕尾图样

任务分析

本任务为燕尾形锉配中的凹件加工，要进行锯削、锉削加工，因为凹件为标准件，凸件要与之相配作，所以凹件的尺寸精度要更高一些。

任务实施

一、毛坯

毛坯采用任务一完成后的工件。

二、工艺步骤

工艺步骤见表 6-3。

表 6-3　工艺步骤

步骤	加工内容	图　示
1	锯削左上角燕尾台肩处多余部分	
2	粗、精锉左上角燕尾达到图样要求，保证 20±0.02 mm、64±0.02 mm 实际尺寸，并且用双圆柱测量棒测量尺寸为 48.78 mm（圆柱测量棒直径为 ϕ12 mm），用游标万能角度尺检测 60°角	48.78 60° 20±0.02 64±0.02
3	锯削燕尾件（凹件）两侧面，按线錾去燕尾（凹件）余料	
4	粗、精锉燕尾凹件达到 60°角，并用圆柱测量棒测量以 *A* 面为基准的 26.85 mm（圆柱测量棒直径为 ϕ12 mm）	60° A 26.85

续表

步骤	加工内容	图　示
5	同理，粗、精锉燕尾凹件另一边达到60°角，保证16±0.02 mm。反复检验测量燕尾凸件和燕尾凹件各处尺寸	
6	锯削30 mm、25 mm锯口，留5 mm连接	
7	修光，倒棱，打标记，交检	
8	锯断5 mm连接处，检测配合情况	

三、注意事项

① 在锯削断裂之前，必须上交进行尺寸检测。

② 锉削工艺孔周边的平面要保护好已加工表面。

③ 燕尾凸件已经完成，为了保证配合效果 ，必须严格控制尺寸精度。

④ 加工时一定要保证角度要求，否则配合间隙会很大，且60°角要锉好、锉正才能保证翻转配合。

⑤ 加工结束后，倒棱角，去除毛刺，以免影响配合效果。

⑥ 在锉配时，凸件的上平面、凹件的下平面不能锉，只能锉修凸件的两个斜面处和凹件的凹面处，燕尾处锉配时，也采用同样的方法。

任务评价

燕尾形配合件制作配分表见表 6-4。

表 6-4 燕尾形件配分表

<table>
<tr><th rowspan="3">学号</th><th rowspan="3">姓名</th><th colspan="8">评分要素及配分标准</th><th rowspan="3">得分</th></tr>
<tr><th colspan="4">凸燕尾</th><th colspan="3">凹燕尾</th><th>配合效果</th></tr>
<tr><th>20±0.02 mm（2 处×6 分）12 分</th><th>60°（2 处×10 分）20 分</th><th>16±0.02 mm（1 处×12 分）12 分</th><th>表面粗糙度 $Ra\leqslant$ 3.2 μm（7 处×1 分）7 分</th><th>20±0.02 mm（1 处×12 分）12 分</th><th>$60^{+0.02}_{-0.03}$ mm（1 处×10 分）10 分</th><th>表面粗糙度 $Ra\leqslant$ 3.2 μm（7 处×1 分）7 分</th><th>配合间隙 ≤0.04 mm（5 处×4 分）20 分</th></tr>
<tr><td>1</td><td></td><td></td><td></td><td></td><td></td><td></td><td></td><td></td><td></td><td></td></tr>
<tr><td>2</td><td></td><td></td><td></td><td></td><td></td><td></td><td></td><td></td><td></td><td></td></tr>
<tr><td>3</td><td></td><td></td><td></td><td></td><td></td><td></td><td></td><td></td><td></td><td></td></tr>
<tr><td>4</td><td></td><td></td><td></td><td></td><td></td><td></td><td></td><td></td><td></td><td></td></tr>
<tr><td>5</td><td></td><td></td><td></td><td></td><td></td><td></td><td></td><td></td><td></td><td></td></tr>
<tr><td>6</td><td></td><td></td><td></td><td></td><td></td><td></td><td></td><td></td><td></td><td></td></tr>
<tr><td>7</td><td></td><td></td><td></td><td></td><td></td><td></td><td></td><td></td><td></td><td></td></tr>
<tr><td>8</td><td></td><td></td><td></td><td></td><td></td><td></td><td></td><td></td><td></td><td></td></tr>
<tr><td>9</td><td></td><td></td><td></td><td></td><td></td><td></td><td></td><td></td><td></td><td></td></tr>
<tr><td>10</td><td></td><td></td><td></td><td></td><td></td><td></td><td></td><td></td><td></td><td></td></tr>
<tr><td>11</td><td></td><td></td><td></td><td></td><td></td><td></td><td></td><td></td><td></td><td></td></tr>
<tr><td>12</td><td></td><td></td><td></td><td></td><td></td><td></td><td></td><td></td><td></td><td></td></tr>
<tr><td>13</td><td></td><td></td><td></td><td></td><td></td><td></td><td></td><td></td><td></td><td></td></tr>
<tr><td>14</td><td></td><td></td><td></td><td></td><td></td><td></td><td></td><td></td><td></td><td></td></tr>
<tr><td>15</td><td></td><td></td><td></td><td></td><td></td><td></td><td></td><td></td><td></td><td></td></tr>
<tr><td>16</td><td></td><td></td><td></td><td></td><td></td><td></td><td></td><td></td><td></td><td></td></tr>
<tr><td>17</td><td></td><td></td><td></td><td></td><td></td><td></td><td></td><td></td><td></td><td></td></tr>
<tr><td>18</td><td></td><td></td><td></td><td></td><td></td><td></td><td></td><td></td><td></td><td></td></tr>
</table>

指导老师： 实训班级： 实训时间：

项目七
90°山形件锉配

本项目主要学习锉配 90°山形件，其配合精度要求较高，在加工过程中需通过划线、锯削、锉削和錾削达到图样要求。通过本项目的学习和训练，能够完成如图 7-1 所示零件。

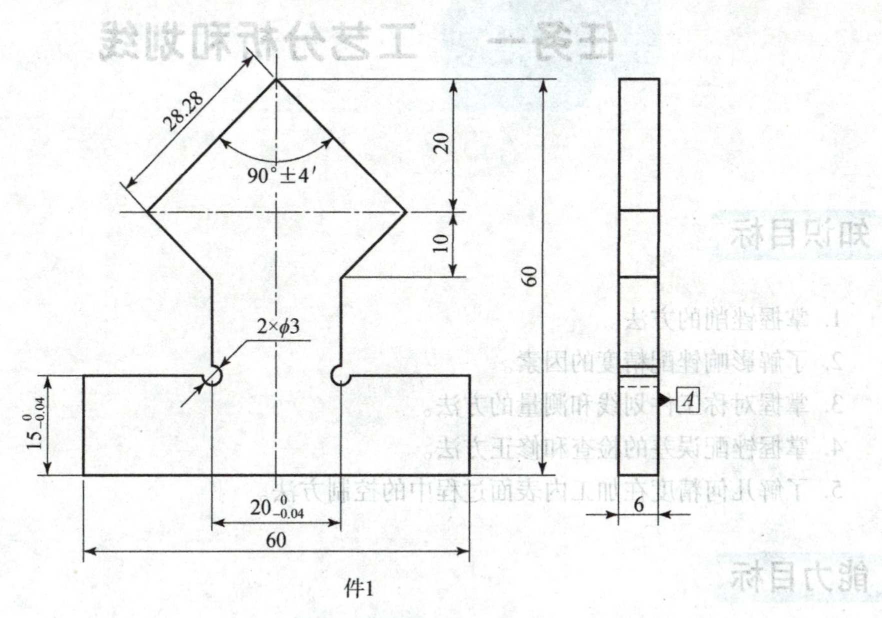

图 7-1　90°山形件锉配（一）

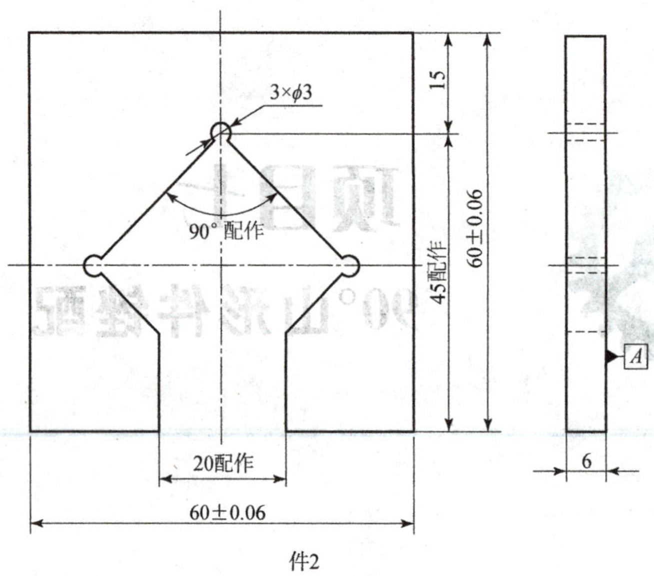

图 7-1　90°山形件锉配（二）

任务一　工艺分析和划线

知识目标

1. 掌握锉削的方法。
2. 了解影响锉配精度的因素。
3. 掌握对称工件划线和测量的方法。
4. 掌握锉配误差的检查和修正方法。
5. 了解几何精度在加工内表面过程中的控制方法。

能力目标

1. 能熟练锉配 90°山形件。
2. 能熟练钻排孔、錾切工件。
3. 掌握角度多、测量困难工件的加工和测量方法。

任务描述

加工 90°山形件锉配图样如图 7-1 所示。本次任务主要是根据图样分析 90°山形件的加工工艺，然后制作划线基准，进行划线加工。

任务分析

本任务为制作 90°山形件锉配，其精度要求较高，须控制尺寸精度及保证配合要求，并保证角度精度以及孔距精度。在加工过程中需要通过划线、锯削、锉削、錾削达到图样要求。通过本次任务的学习和训练，学生应掌握开放式锉配件的制作过程和方法。

任务实施

一、毛坯

根据图样进行下料，毛坯为 65×65×6 的板块。

二、工艺步骤

工艺步骤见表 7-1。

表 7-1 工艺步骤

步骤	加工内容	图示
1	制作划线基准，粗、精锉平面 *B*，用透光检测法检测直线度和平面度，并保证 *A* 面与 *B* 面两者的垂直度	A B
2	以平面 *B* 为基准面，粗、精锉平面 *C*，用透光检测法检测直线度和平面度，并保证 *B* 面与 *C* 面两者的垂直度	A B

续表

步骤	加工内容	图示
3	按图样要求划线，以 *B* 面为基准在距其 60 mm 处划出加工界限，再以 *C* 面为基准在距其 60 mm 处划出加工线	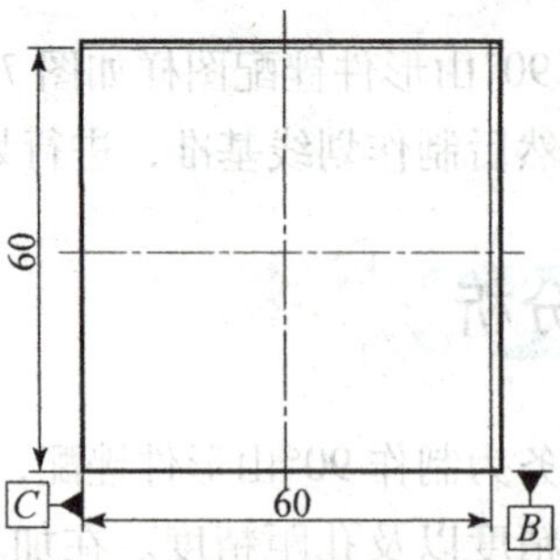
4	粗、精锉 *B* 面的对面，用透光检测法检测直线度和平面度，并保证尺寸 60±0.06 mm，且保证该面与 *B* 面平行，且与 *A* 面垂直	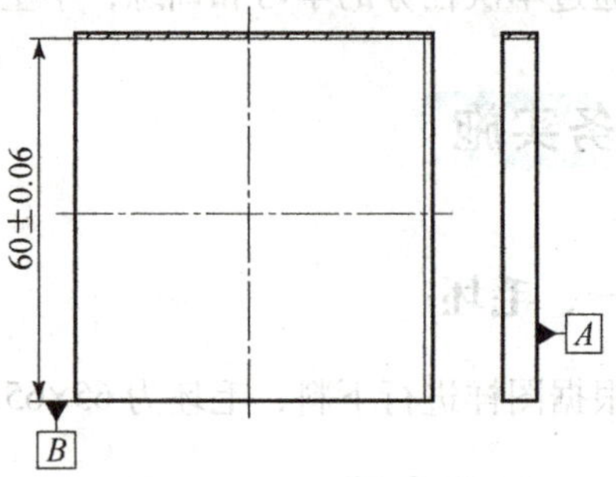
5	粗、精锉 *C* 面的对面，用透光检测法检测直线度和平面度，并保证尺寸 60±0.06 mm，且保证该面与 *C* 面平行，且与 *A* 面和 *B* 面垂直	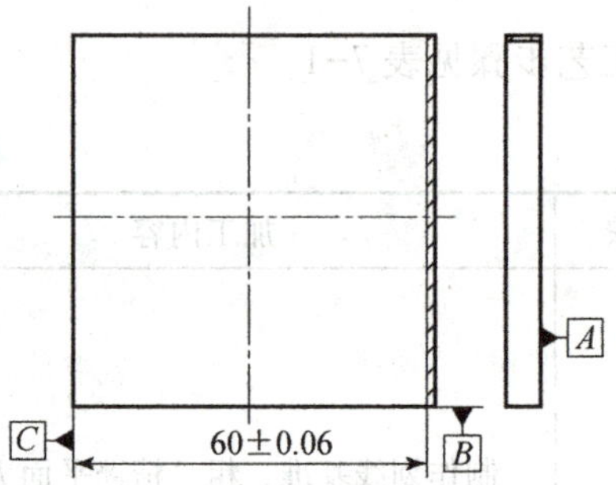
6	划线。按要求划出 90°角加工线，划线方法有如下两种： （1）按坐标法，如右图所示，以 *B* 面为基准划尺寸线；以 *C* 面为基准划 30 mm、20 mm、10 mm、40 mm、50 mm、60 mm 尺寸线，连线即可； （2）用 V 形规划线计算尺寸	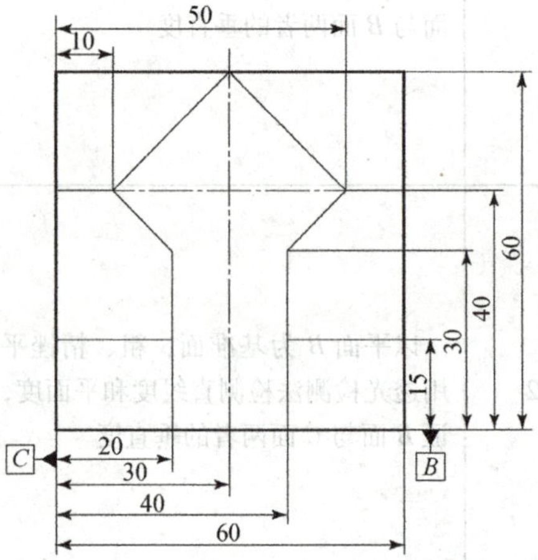

三、注意事项

① 在划线前，对基准面的平面度、垂直度反复校验，确认无误后，才能开始划线。

② 锉配件的划线必须准确，线条清晰，两面同时一次划出，特别是内山形件。

任务二 锯、锉削山形件凸件

知识目标

1. 掌握对称形体工件的测量方法。
2. 掌握盲配的加工方法，了解盲配的加工技巧。
3. 巩固锯削、钻削加工技能，进一步提高测量的正确性。

能力目标

1. 巩固窄平面锉削技能。
2. 掌握角度加工方法。

任务描述

加工山形件凸件图样如图 7-2 所示。本次任务主要是根据图样加工山形件凸件。加工中要注意尺寸及角度要求，且保证对称度。

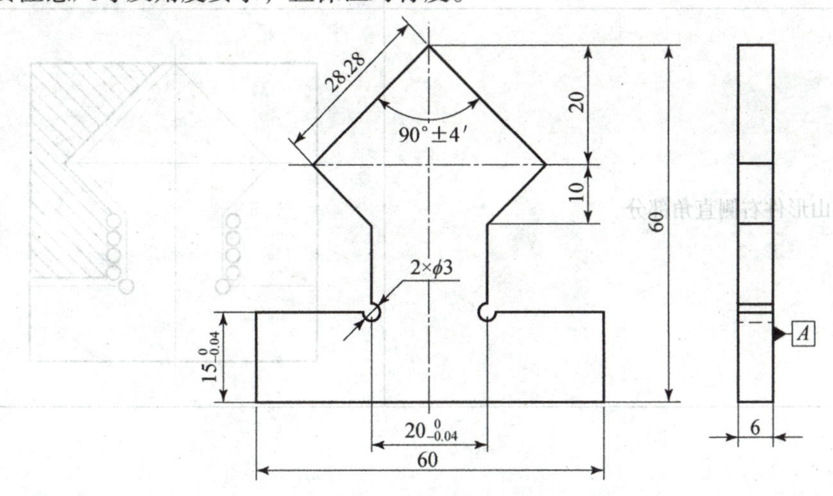

图 7-2 山形件凸件图样

任务分析

本任务为山形件锉配中的凸件加工，要进行锯削、锉削加工，因为凸件为标准件，凹件要与之相配作，所以凸件的尺寸精度要更高一些。

任务实施

一、毛坯

毛坯采用任务一完成后的工件。

二、工艺步骤

工艺步骤见表 7-2。

表 7-2 工艺步骤

步骤	加工内容	图示
1	打 2×ϕ3 mm 工艺孔的样冲眼，钻 2×ϕ3 mm 工艺孔，钻 ϕ3 mm 排孔（2 处）	2×ϕ3
2	先锯削山形件右侧直角部分	

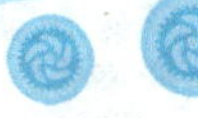

续表

步骤	加工内容	图　示
3	按排孔錾削、锯削去多余部分	
4	精锉右侧四个面，锉削顺序为：① 锉削 *B* 面的平行面，保证尺寸$15^{0}_{-0.04}$ mm；② 锉削 *C* 面的平行面；③ 精锉山形件右侧下直角边，以 *B* 面为基准，检测角度 45°；④ 精锉山形件右侧上直角边，保证角度 90°±4′	90°±4′ 45° $15^{0}_{-0.04}$ C B
5	锯削、錾削左侧部分	
6	粗锉左侧四个面	

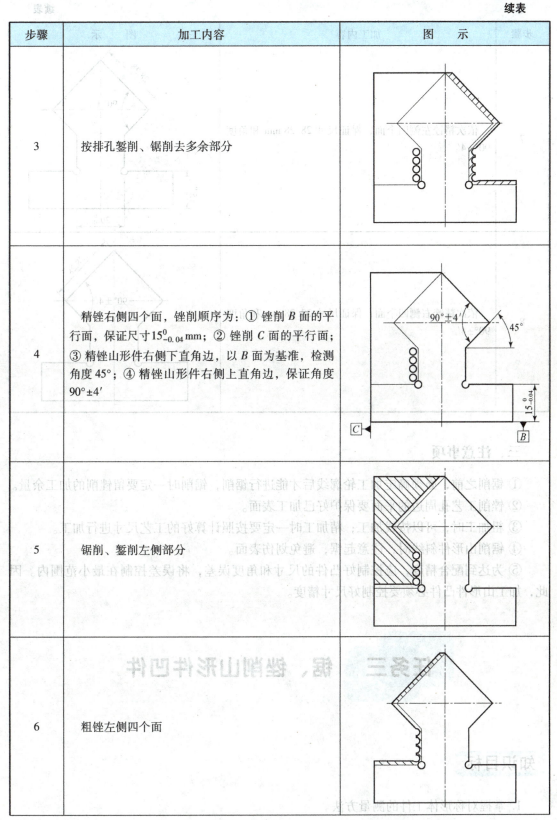

续表

步骤	加工内容	图　示
7	依次精锉左侧四个面，保证尺寸 28. 28 mm 和角度 90°±4′	
8	依次精锉右侧四个面，保证尺寸 28. 28 mm 和角度 90°±4′	

三、注意事项

① 锯削之前，必须确定加工轮廓线后才能进行锯削，锯削时一定要留锉削的加工余量。

② 锉削工艺孔周边的平面要保护好已加工表面。

③ 粗加工时，可以按线加工；精加工时一定要按照计算好的工艺尺寸进行加工。

④ 锯削山形件斜线时，注意起锯，避免划伤表面。

⑤ 为达到配合精度，应控制好凸件的尺寸和角度误差，将误差控制在最小范围内。因此，加工山形件凸件必须要控制好尺寸精度。

任务三　锯、锉削山形件凹件

知识目标

1. 掌握对称形体工件的测量方法。

2. 掌握盲配的加工方法，了解盲配的加工技巧。
3. 巩固锯削、钻削加工技能，进一步提高测量的正确性。

能力目标

1. 巩固窄平面锉削技能。
2. 掌握角度加工方法。

任务描述

加工山形件凹件图样如图 7-3 所示。本次任务主要是根据图样加工山形件凹件。加工中要注意尺寸及角度要求，且保证对称度。

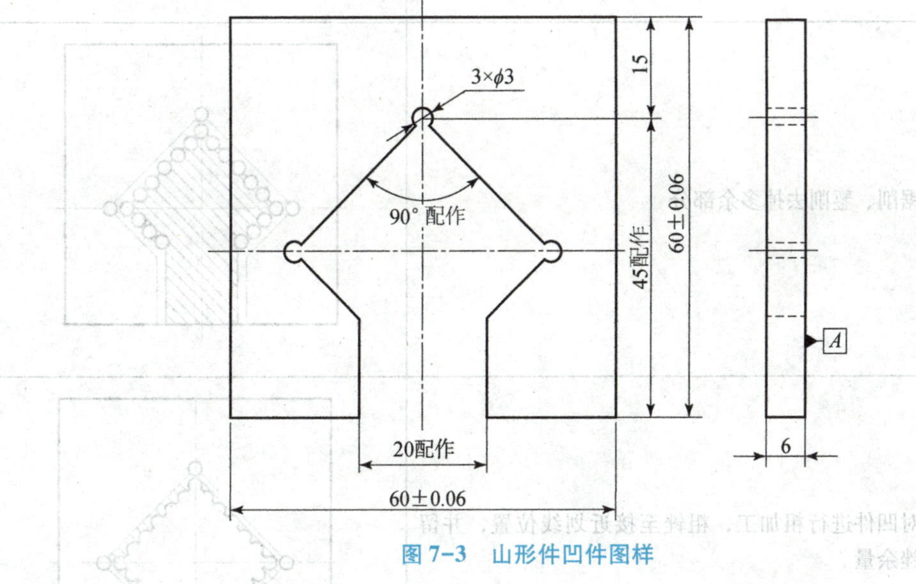

图 7-3　山形件凹件图样

任务分析

本任务为山形件锉配中的凹件加工，要进行锯削、锉削加工，因为凹件为标准件，凸件要与之相配作，所以凹件的尺寸精度要更高一些。

任务实施

一、毛坯

毛坯采用任务一完成后的工件。

二、工艺步骤

工艺步骤见表 7-3。

表 7-3　工艺步骤

步骤	加工内容	图　示
1	打 3×ϕ3 mm 工艺孔的样冲眼，钻 3×ϕ3 mm 工艺孔，钻 ϕ3 mm 排孔	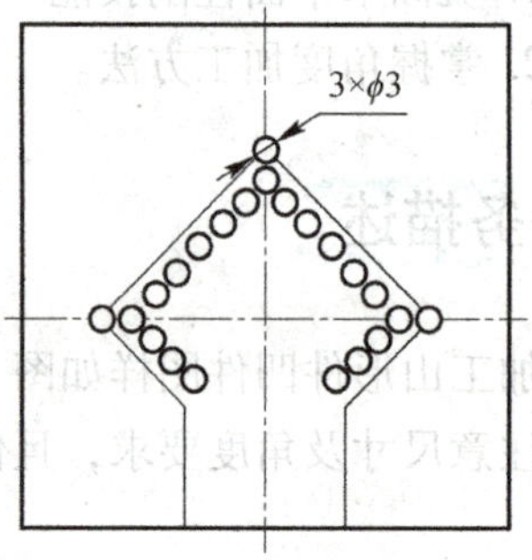
2	锯削、錾削去掉多余部分	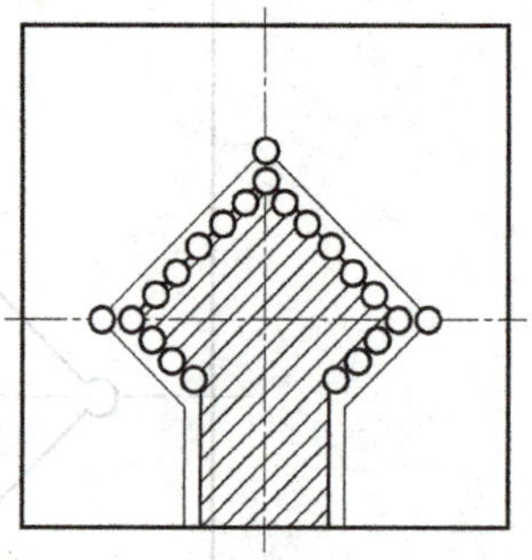
3	对凹件进行粗加工，粗锉至接近划线位置，并留精锉余量	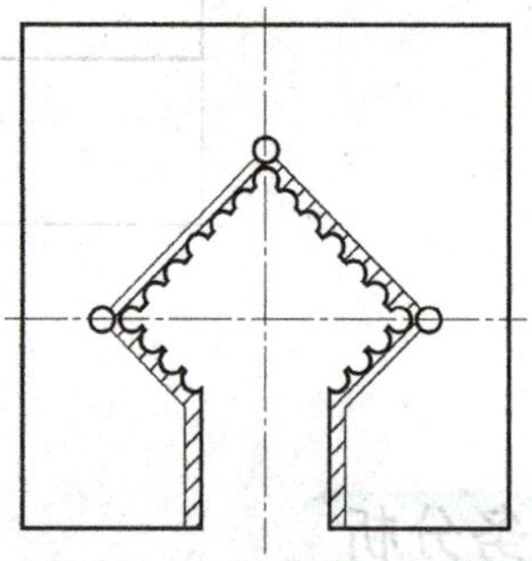
4	精锉山形件四个面，达到配作角度 90°角，精锉时要用山形件凸件试配，对凹件进行修整	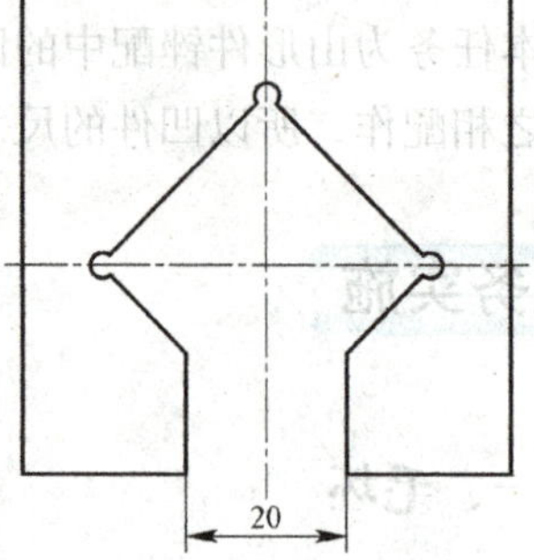

续表

步骤	加工内容	图示
5	按照工件 1 锉配工件 2，达到配合要求	

三、注意事项

① 锯削之前，必须进行尺寸检测。

② 锉削工艺孔周边的平面要保护好已加工表面。

③ 山形件凸件已经完成，为了保证配合效果，必须严格控制尺寸精度。

④ 山形件凹件与凸件配合时，要用游标万能角度尺检验。

⑤ 加工结束后，倒棱角，去除毛刺，以免影响配合效果。

任务评价

90°山形件配合件制作配分表见表 7-4。

表 7-4 山形件配合件制作配分表

序号	姓名	评分要素及配分标准							得分
		$20_{-0.04}^{0}$ mm (2 处×5 分) 10 分	$15_{-0.04}^{0}$ mm (2 处×5 分) 10 分	28.28 mm (2 处×5 分) 10 分	60±0.06 mm (4 处×5 分) 20 分	90°±4′ (6 处×3 分) 18 分	表面粗糙度 $Ra\leq$ 3.2 μm (16 处×1 分) 16 分	配合间隙 ≤0.05 mm (16 处×1 分) 16 分	
1									
2									
3									
4									

续表

序号	姓名	评分要素及配分标准							得分
		$20_{-0.04}^{0}$ mm（2处×5分）10分	$15_{-0.04}^{0}$ mm（2处×5分）10分	28.28 mm（2处×5分）10分	60±0.06 mm（4处×5分）20分	90°±4′（6处×3分）18分	表面粗糙度 $Ra\leqslant$ 3.2 μm（16处×1分）16分	配合间隙 ≤0.05 mm（16处×1分）16分	
5									
6									
7									
8									
9									
10									
11									
12									
13									
14									
15									
16									
17									
18									

指导老师：　　　　　　　　　　实训班级：　　　　　　　　　　实训时间：

项目八

制作划规

本项目主要学习制作划规，其精度要求较高，在加工过程中需通过矫正、锯削、锉削、钻孔、铰孔和铆接达到图样要求。通过本项目的学习和训练，学生应掌握一般工具的制作过程和方法，完成如图 8-1 所示零件。

技术要求

1. 未注公差按 GB/T 1804-2000-m 加工。
2. 120°角度面配合间隙≤0.06 mm，两脚并合后间隙≤0.08 mm。
3. 淬火热处理至 50～53 HRC。

图 8-1　划规

任务一 工艺分析和划线

知识目标

1. 掌握条形料的矫正方法。
2. 掌握角度锉配方法。
3. 掌握借助相关手册，熟练查阅零件、刃具所用材料的牌号、用途、分类、性能等。

能力目标

1. 能识读划规零件图。
2. 能正确使用游标万能角度尺、游标卡尺、刀口形直角尺等量具。
3. 能正确对条形料划线。

任务描述

制作加工的划规图样如图 8-1 所示。划规左脚件 1 和右脚件 2 结构与尺寸相同，本次任务主要是根据图样分析划规的加工工艺，然后制作划线基准，进行划线加工。

任务分析

本任务为制作划规，其精度要求较高，须控制尺寸精度及保证配合要求，并保证角度精度以及孔距精度。在加工过程中需要通过划线、锯削、锉削、铆接达到图样要求。通过本次任务的学习和训练，学生应掌握制作划规的方法。

相关知识

1. 矫正

（1）矫正的基本概念

矫正是指消除金属板材、型材的不平、不直或翘曲等缺陷的加工过程。

矫正可在机器上进行，也可用手工进行，本项目重点介绍钳工常用的手工矫正的方法，手工矫正是在平台、铁砧或台虎钳等上用锤子等工具进行矫正。它包括采用扭转、弯曲、延伸和伸张等方法，使工件恢复到原来的形状。

金属材料的变形有两种情况：一种是在外力的作用下，材料发生变形，当外力去除后，仍能恢复原状，这种变形称为弹性变形；另一种是当外力去除后，不能恢复原状，这种变形称为塑性变形。

矫正是对塑性变形而言的，所以只有塑性好的材料，才能进行矫正。而塑性差、脆性大的材料，如铸铁、淬硬钢就不能矫正，否则工件易发生断裂。

矫正过程中，材料在外力作用下，金属组织变得紧密，所以矫正后，金属材料表面硬度增加，脆性增加，这种在冷加工塑性变形过程中产生的材料变硬的现象，称为冷硬现象（即冷作硬化）。冷硬后的材料给进一步的矫正或其他冷加工带来困难，必要时可进行退火处理，使材料恢复到原来的力学性能。

手工矫正的工具如下：

① 平板和铁砧。平板和铁砧是矫正板材、型材或工件的基座。

② 锤子。矫正一般材料时，通常使用锤子。矫正已加工过的表面、薄钢件或有色金属制件，应使用木槌、铜锤和橡胶锤等。

③ 抽条和拍板。抽条是条状薄板料弯成的简易手工工具，用于抽打面积较大的薄板料，如图 8-2 所示。拍板是用质地较硬的木材制成的专用工具，用于敲平板料。

④ 螺旋压力工具。螺旋压力工具用于矫正较长的轴类零件或棒料，如图 8-3 所示。

⑤ 检验工具。包括划线平台、刀口形直角尺、钢直尺和百分表。

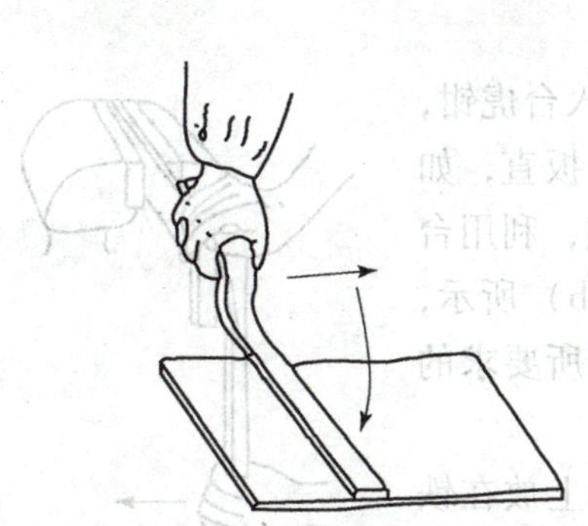

图 8-2　用抽条抽打平板料

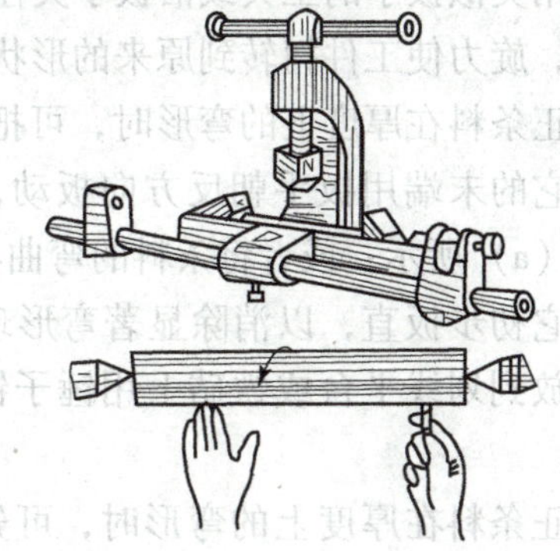

图 8-3　用螺旋压力工具矫正轴类零件

（2）矫正方法

① 板料的矫正。板料中间凸起，是由于变形后中间材料变薄而引起的，矫平时必须锤击板料边缘，使边缘的厚度与凸起部位厚度接近，越接近则越平整。锤击时，由里向外逐渐由轻到重、由稀到密，如图 8-4（a）所示；如图 8-4（b）所示为不正确的矫平方法。

如果板料有多处凸起，应先锤击凸起的交界处，使所有分散的凸起部分聚集成一个总的凸起部分，然后再锤击四周而矫平。

如果薄板有微小扭曲，可用抽条从左到右按顺序抽打平面，因抽条与板料接触面积较大，受力均匀，故容易达到平整。

如果板料四周呈波浪形而中间平整，这说明板料四边变薄而伸长了。矫平时，按图中箭头方向由四周向中间锤打，如图 8-5 所示，使密度逐渐变大，经过反复多次锤打，使板料

达到平整。

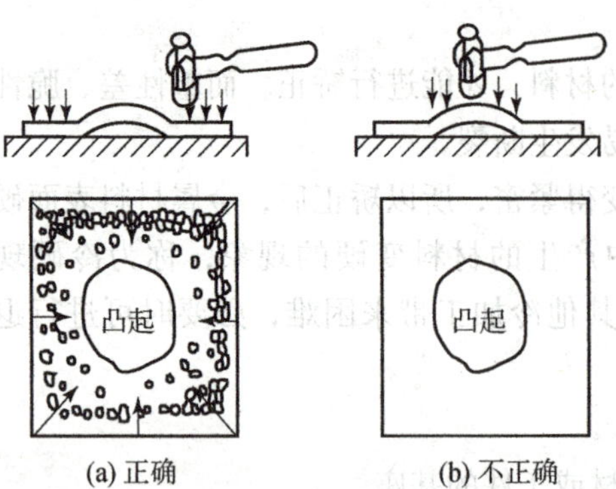

图 8-4 中凸板料的矫正方法

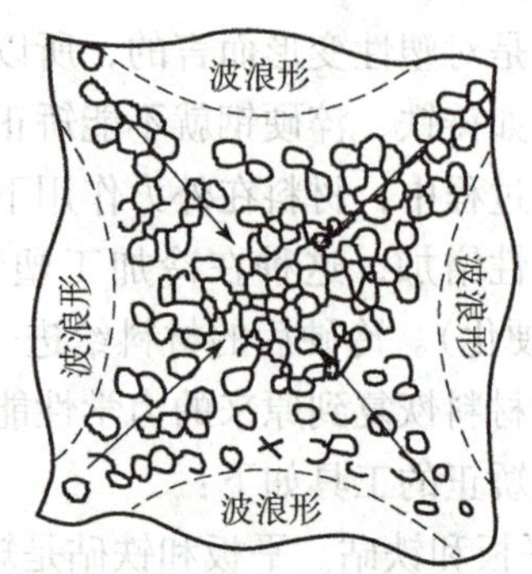

图 8-5 四周呈波浪形板料的矫正方法

对厚度很薄而材质很软的铜箔一类的材料，可用平整的木块在平板上推压材料的表面，使其达到平整。有些装饰面板之类的铜、铝制品，不允许有锤击印痕时，可用木槌和橡胶锤锤击。

② 条料的矫正。条料扭曲变形时，可用扭转的方法进行矫正，将工件的一端夹在台虎钳上，用类似扳手的工具或活扳手夹住工件的另一端，左手按住工具的上部，右手握住工具的末端，旋力使工件扭转到原来的形状，如图 8-6 所示。

矫正条料在厚度上的弯形时，可把条料近弯形处夹入台虎钳，然后在它的末端用扳手朝反方向扳动，使其弯形处初步扳直，如图 8-7（a）所示；或者将条料的弯曲处放在台虎钳口内，利用台虎钳将它初步扳直，以消除显著弯形现象，如图 8-7（b）所示，然后再放到划线平台或铁砧上用锤子锤打，逐步矫正到所要求的平直度。

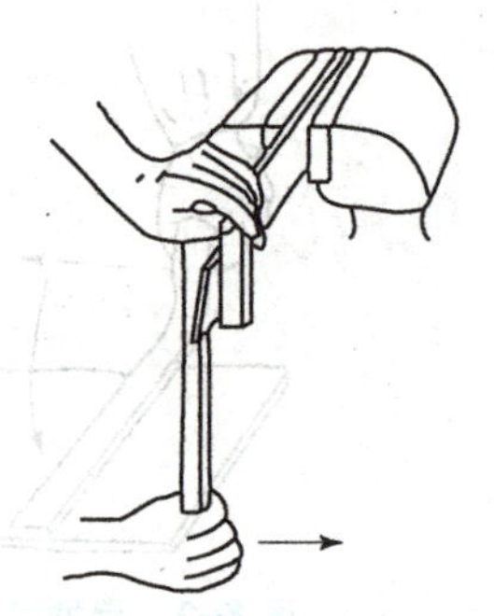

图 8-6 用扭转法矫正条料

矫正条料在厚度上的弯形时，可先将条料的凸面向上放在铁砧上，锤打凸面，然后再将条料平放在铁砧上用延展法来矫正，如图 8-8 所示。延展法矫正时，必须锤打弯形的内弧一边的材料。经锤打后使这一边材料伸长而变直。如果条料的断面十分宽而薄，则只能直接用延展法来矫正。

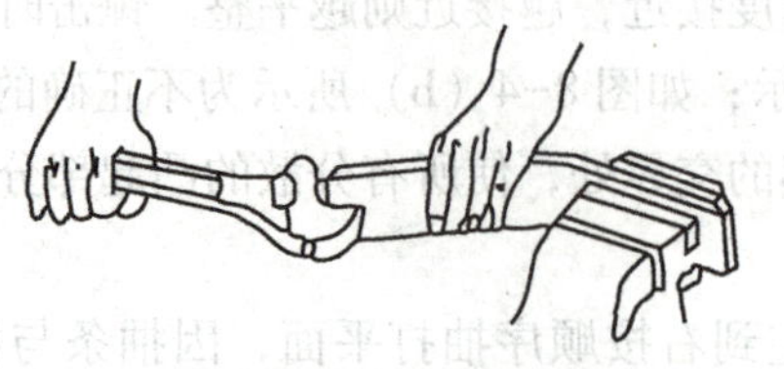

(a) 用扳手初步扳直

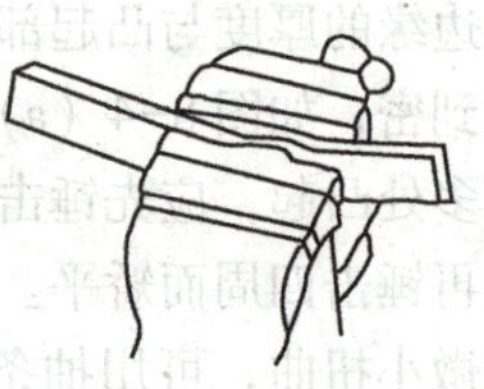

(b) 用台虎钳初步夹直

图 8-7 矫正条料

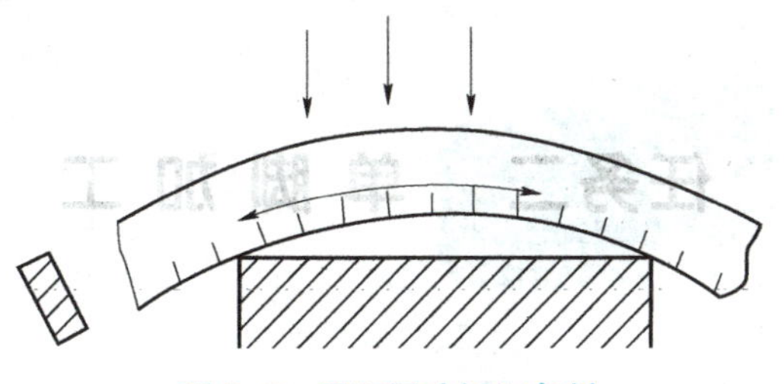

图 8-8　用延展法矫正条料

任务实施

一、毛坯

根据图样进行下料，件 1 与件 2 尺寸相同，件 1 与件 2 毛坯为 175 mm×22 mm×7 mm，垫片（厚度为 2 mm，内孔为 ϕ5 mm，外径为 ϕ17 mm）和 ϕ5 mm 铆钉（材料为 Q235）各一个。

二、工艺步骤

工艺步骤见表 8-1。

表 8-1　工艺步骤

步骤	加工内容	图　示
1	矫正，对划规两只脚的毛坯作形状和尺寸检查，并进行矫正	
2	锉削加工划规两只脚的外平面及内侧平面	
3	划出 3 ± 0. 03 mm 和内、外角 120°的加工线	

三、注意事项

① 在划线前，对基准面的平面度、垂直度反复校验，确认无误后，才能开始划线。

② 制作划规脚时，应先制作出一个基准。

任务二　单脚加工

知识目标

1. 掌握条形工件的测量方法。
2. 掌握工具的加工方法，了解工具的加工技巧。
3. 巩固锯削、锉削加工技能，进一步提高测量的正确性。

能力目标

1. 能正确对条形料进行加工。
2. 掌握角度加工方法。
3. 掌握几何精度的控制方法。

任务描述

加工划规单脚图样如图 8-9 所示。本次任务主要是根据图样加工划规单件。加工中要注意尺寸及角度要求，且保证对称度。

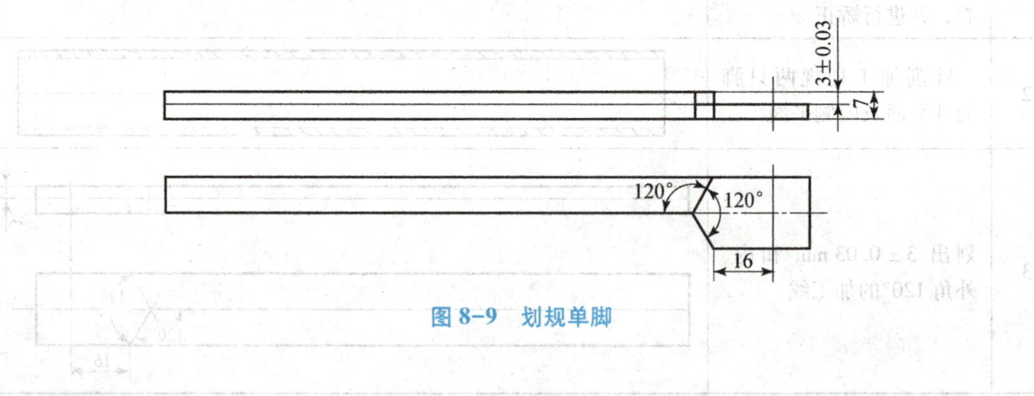

图 8-9　划规单脚

任务分析

本任务为划规单脚加工，要进行粗锉削、划线、精锉削加工，因为划规为配合件，且是划线工具，因此尺寸精度和配合精度要更高一些。

任务实施

一、毛坯

毛坯采用任务一完成后的工件。

二、工艺步骤

工艺步骤见表 8-2。

表 8-2　工艺步骤

步骤	加工内容	图　　示
1	根据划线进行初步粗加工	3　120°　120°　16
2	（1）粗锉两划规脚内侧面至中心线，粗锉内角 120°，并留锉配余量； （2）粗锉两铆接面，粗锉外 120° 角，并留锉配余量	120°　16
3	以划规右脚铆接面对面为基准面，精锉铆接面达到图纸要求，再锉削并修整左脚铆接面，最后配合严密无间隙	右脚（铆接面）　基准面　左脚（铆接面）

三、注意事项

① 划线之前，必须确定已经矫正才能进行划线。
② 锉削两划规配合表面时要注意纹理一致。
③ 粗加工时，可以按线加工；精加工时一定要按照图纸上的尺寸进行加工。
④ 为达到配合精度，应控制单脚加工的误差，将误差控制在最小范围内。

任务三 双脚配合加工

知识目标

1. 掌握配合工件的测量方法。
2. 掌握配合后修整工件的加工方法。
3. 掌握铆接的加工技能。

能力目标

1. 巩固窄平面锉削技能。
2. 能按规定正确铆接零件。

任务描述

制作划规的图样如图 8-1 所示。本次任务主要是根据图样进行双脚划规的配合加工。加工时要注意尺寸及角度要求，以及配合要求。

任务分析

本任务为划规两只脚的配合加工，要进行锉削、钻孔、铰孔和铆接的加工，因为划规是划线工具，双脚要高度对称，所以配合加工时要注意加工精度。

任务实施

一、毛坯

毛坯采用任务二完成后的工件。

二、工艺步骤

工艺步骤见表 8-3。

表 8-3 工艺步骤

步骤	加工内容	图示
1	（1）锉削两个外侧立平面并留 1 mm 余量，保证两脚配合在一起时两外力面平行； （2）将两个划规脚配合在一起后，锉削两个大面，锉至平面度要求并最大限度留有余量	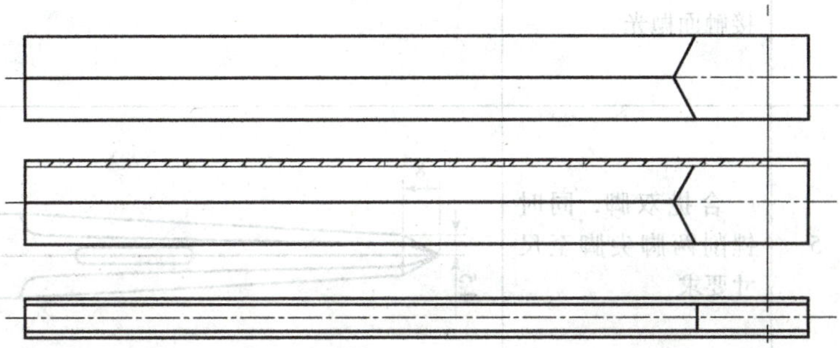
2	（1）划出孔的中心线； （2）检查孔心位置是否正确，正确时两脚合并夹紧同时加工 $\phi4.9$ mm 孔。 （3）铰 $\phi5$ mm 孔	$\phi4.9$ $\phi5$
3	（1）用 M5 的螺钉、螺母将划规右脚和划规左脚固定在一起，锉削加工上、下两个大面至尺寸要求，并锉削端部圆弧； （2）划出 10 mm、8 mm、（8+84）mm、4.5 mm 倒角、26 mm×1.5 mm 线； （3）按尺寸加工两脚，锉削外形，注意尖部留少许余量	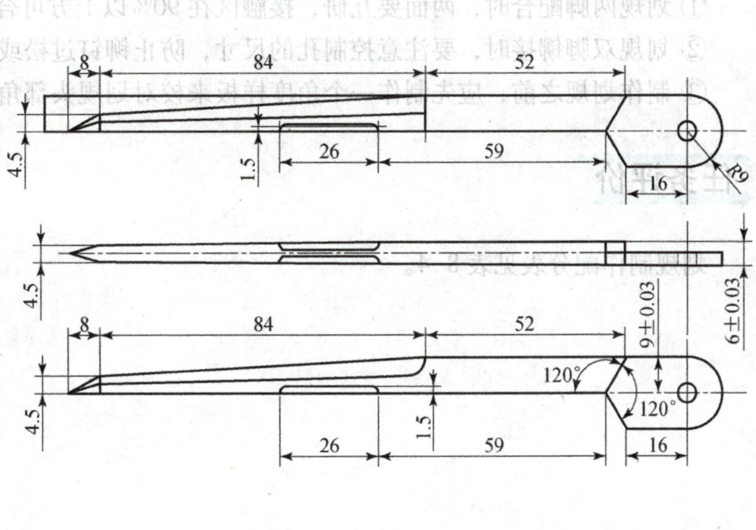 8 84 52 4.5 1.5 26 59 16 R9 4.5 9±0.03 6±0.03 8 84 52 120° 120° 4.5 1.5 26 59 16

续表

步骤	加工内容	图示
4	取下 M5 的螺钉、螺母，用 ϕ5 mm 的铆钉铆接，按垫片外径修整 *R*9 圆弧，接触面抛光	R9
5	合拢双脚，同时锉削两脚尖脚至尺寸要求	8 4.5
6	先推至顺锉纹，用砂纸附在锉削刀面上进行抛光处理	
7	淬火处理	

三、注意事项

① 划规两脚配合时，两面要互研，接触区在 90% 以上方可合格。

② 划规双脚铆接时，要注意控制孔的尺寸，防止铆钉过松或过紧。

③ 制作划规之前，应先制作一个角度样板来校对划规头部角度。

任务评价

划规制作配分表见表 8-4。

表 8-4 划规制作配分表

序号	姓名	评分要素及配分标准									得分
		9±0.03 mm（2处×5分）10分	6±0.03 mm（2处×5分）10分	120°角度面配合间隙≤0.06（2处×5分）10分	两脚并合后间隙≤0.08（2处×5分）10分	R9圆头光滑正确（8分）	Φ5铆钉铆接松紧适宜，铆合头完整（2处×5分）10分	两脚倒角对称正确（8处×3分）24分	脚尖倒角对称正确（2处×5分）10分	表面粗糙度 $Ra\leq$ 3.2 μm（8处×1分）8分	
1											
2											
3											
4											
5											
6											
7											
8											
9											
10											
11											
12											
13											
14											
15											

指导老师：　　　　实训班级：　　　　实训时间：

项目九
刀口形 90°角尺的制作

本项目主要学习刀口形 90°角尺的制作，该工件作为常用的量具对尺寸公差和加工精度要求更高，对加工工艺和钳工的操作水平要求也更高，根据工件的技术要求选择合适的加工工艺和加工基准，熟练掌握垂直度、直线度的测量方法。通过本项目的学习和训练，能够完成如图 9-1 所示零件。

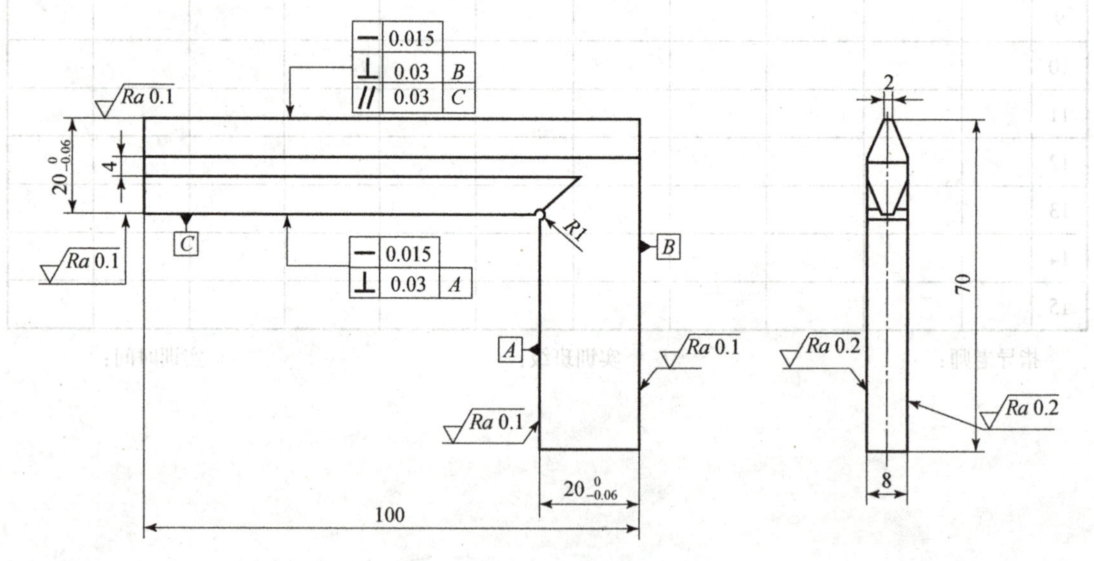

图 9-1 刀口形 90°角尺

任务一　工艺分析和划线

知识目标

1. 了解常用量具的精度要求。
2. 掌握工艺孔在钳工加工过程中的作用与应用。

能力目标

1. 掌握常用量具的选用原则和方法。
2. 熟练掌握直线度和垂直度的检测方法。

任务描述

加工刀口形 90° 角尺图样如图 9-1 所示。本次任务主要是根据图样制定刀口形 90° 角尺的加工工艺，然后制作划线基准，进行划线并钻削工艺孔。

任务分析

本任务主要培养学生根据所加工工件的尺寸要求，自主制订合理的加工工艺，选择适当的加工工具和加工方法，进一步练习锯削、锉削、钻孔和划线技能。

相关知识

1. 测量工具选用的基本知识

量具是测量的基本要素，良好、精密与合格的量具是产品质量的前提保证。通常按零件公差来选择测量器具，使测量器具允许的测量极限误差不大于零件公差的三分之一到十分之一。

量具的选用是一个综合性的问题，应根据具体情况作具体分析并选用。在能保证测量精度的情况下，应尽量选择使用方便和比较经济的量具和量仪。选用过高或过低精度的量具都是不合理的。选用过高精度的量具和量仪也是不必要的，因易于破坏仪器的精度，使仪器使用寿命缩短。在工厂成批生产过程中，应优先用量规、卡板等专用量具。专用量具虽然不能测量出工件的实际尺寸，但它能测量出零件的尺寸和形状是否在公差范围内、是否合格。专用量具具备测量可靠、操作简单方便、效率高、经济性好等优点。

2. 刀口形90°角尺的测量方法

直角尺是用来检查工件垂直度的非刻线量尺，使用时应注意以下事项：

① 在使用的时候首先要注意它的直角度是否精确。

② 在对工件进行测量的时候要把尺子和工件擦干净，工件表面不能有毛刺。

③ 把工件放在有光线的地方，然后把直角尺的基准面贴在工件的相对面上。刀口面和被测面相贴，对着光线检查工件与直角尺的通光度，注意基准面不能歪斜。

④ 如果工件与直角尺之间有光线透过，则证明工件还不是很平，就需要用塞尺进行测量，检查它的间隙究竟有多大。塞尺的使用原则是找一片塞尺塞入直角尺与工件的间隙内，如果能塞入且有一点涩涩的感觉就可以了。塞尺上标注的尺寸就是它的通光度大小。

任务实施

一、毛坯

根据图样进行下料，毛坯为 102 mm×72 mm×8 mm 的 45#钢板块。

二、工艺步骤

工艺步骤见表 9-1。

表 9-1　工艺步骤

步骤	加工内容	图　示
1	检查来料尺寸是否符合要求，去除毛刺。选择加工基准面，粗、精锉平面一，保证平面一直线度误差不大于 0.015 mm	平面一
2	以平面一为基准面，粗、精锉平面二，保证平面二直线度误差不大于 0.015 mm，同时与平面一垂直度误不大于 0.03 mm	平面一　平面二

续表

步骤	加工内容	图　示
3	以平面一为基准面划线，用高度游标卡尺划 20 mm 的线	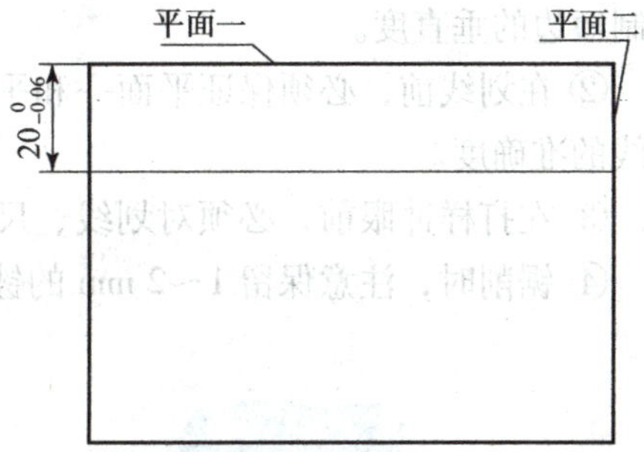
4	以平面二为基准面划线，用高度游标卡尺划 20 mm 的线	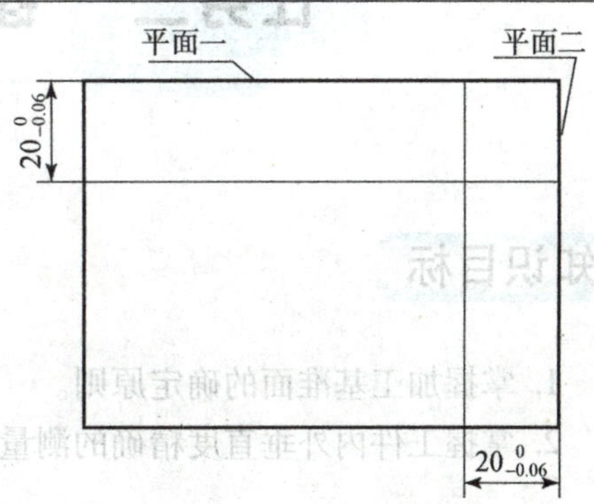
5	在两条线的交点处（20，20）打样冲眼，然后用 ϕ2 mm 钻头钻工艺孔	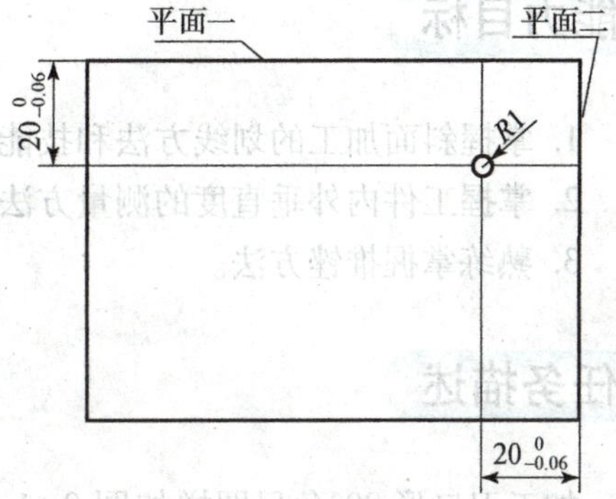
6	根据所划的加工界线，锯削角尺的两个内直角面，剧削时注意保留锉削的加工余量	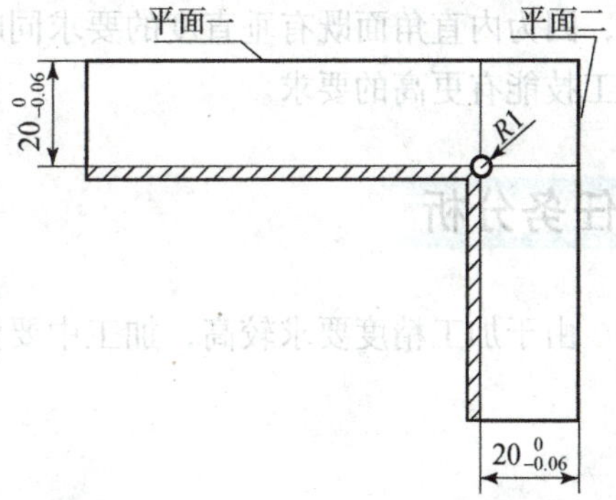

三、注意事项

① 锉削时要先锉削角尺的长边，再以锉削达到要求的长边为基准锉削短边，利用长边控制短边的垂直度。

② 在划线前，必须保证平面一和平面二达到图纸要求的形位尺寸和粗糙度，否则影响划线的准确度。

③ 在打样冲眼前，必须对划线、尺寸反复校验，确认无误后，才能打样冲眼。

④ 锯削时，注意保留 1～2 mm 的锉削余量。

任务二 锉削内直角面和斜面

知识目标

1. 掌握加工基准面的确定原则。
2. 掌握工件内外垂直度精确的测量方法。

能力目标

1. 掌握斜面加工的划线方法和技能。
2. 掌握工件内外垂直度的测量方法。
3. 熟练掌握推锉方法。

任务描述

加工刀口形 90°角尺图样如图 9-1 所示。本次任务主要是根据图样加工内直角面和斜面，因为内直角面既有垂直度的要求同时还有与外直角面的尺寸公差要求，故对加工工艺和加工技能有更高的要求。

任务分析

由于加工精度要求较高，加工中要注意选择正确的基准面，保证工件直线度和垂直度。

任务实施

一、毛坯

毛坯采用任务一完成后的工件。

二、工艺步骤

工艺步骤见表 9-2。

表 9-2　工艺步骤

步骤	加工内容	图　示
1	以平面一为加工基准面，粗、精锉平面三，保证平面三的直线度不大于 0.015 mm，与平面一平行度不大于 0.03 mm	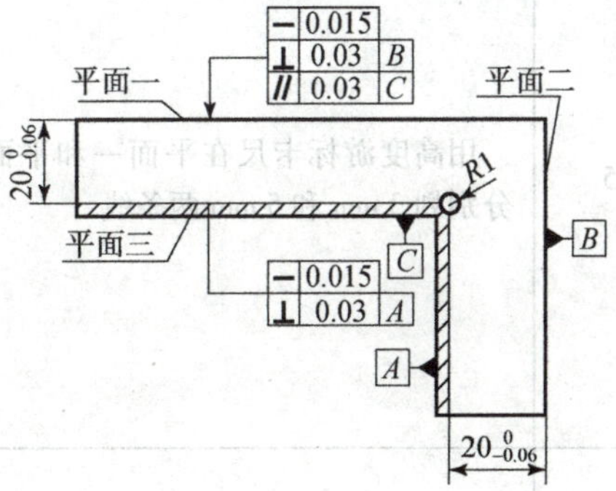
2	以平面三为加工基准面，粗、精锉平面四，保证平面四的直线度不大于 0.015 mm，同时保证与平面三垂直度不大于 0.03 mm	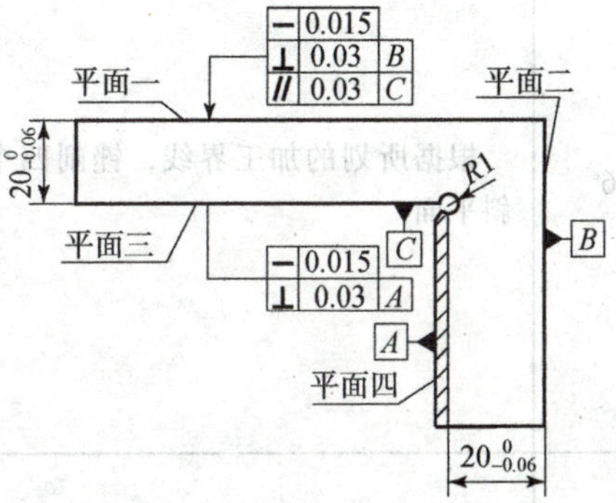
3	粗、精锉刀口形 90° 角尺的两个端面，保证 100 mm 和 70 mm 两个尺寸	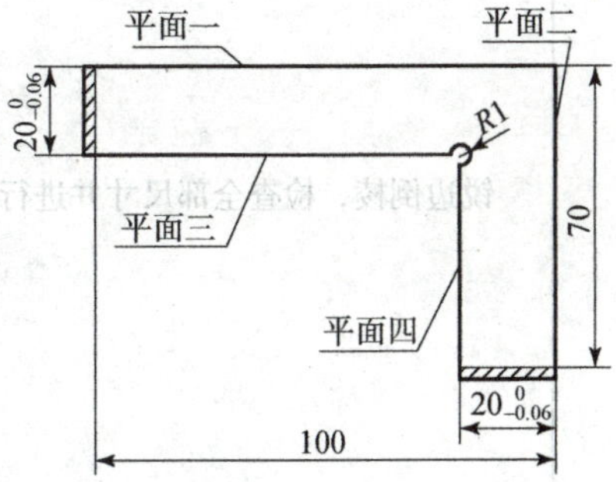

续表

步骤	加工内容	图　示
4	以平面一为基准面划线，用高度游标卡尺分别划 8 mm 和 12 mm 两条线	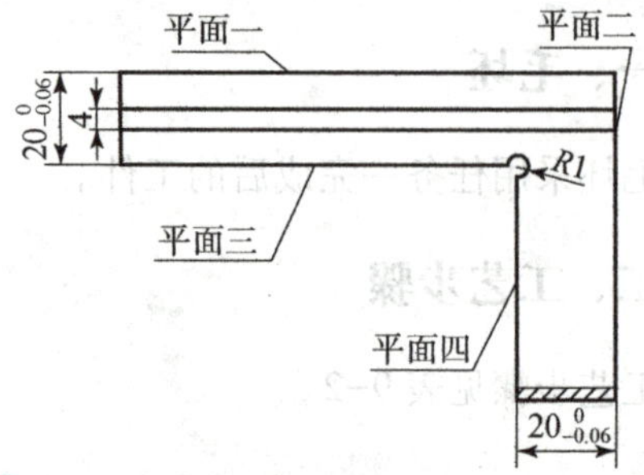
5	用高度游标卡尺在平面一和平面三上分别划 3 mm 和 5 mm 两条线	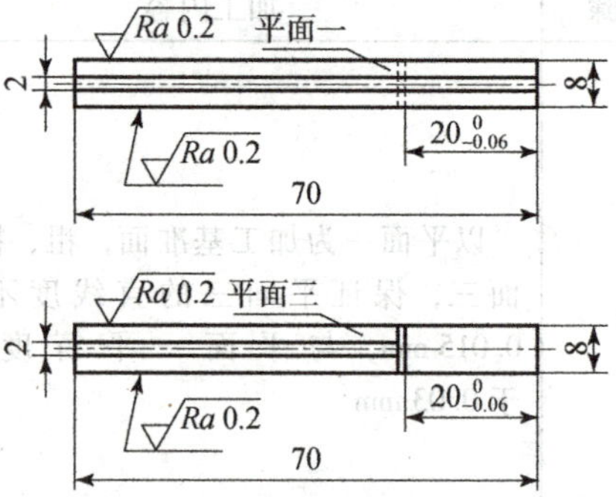
6	根据所划的加工界线，锉削四个刀口斜平面	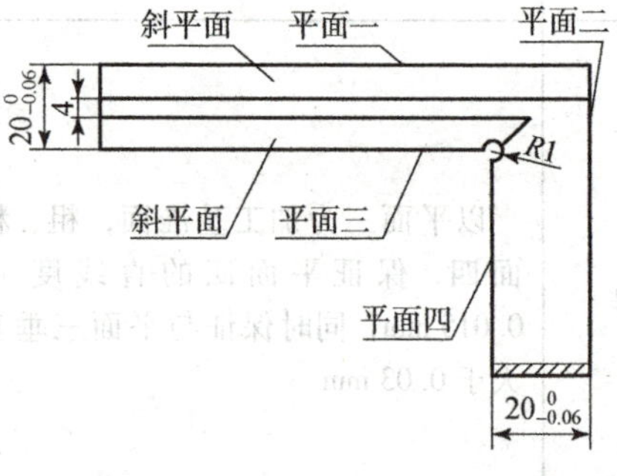
7	锐边倒棱，检查全部尺寸并进行修整	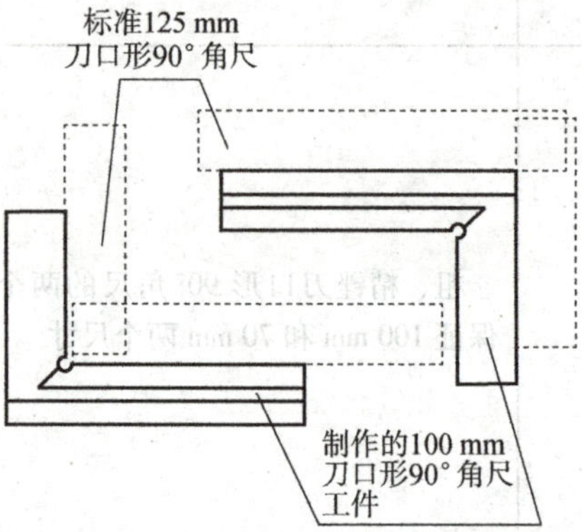

三、注意事项

① 锉刀口斜面必须在平面加工达到要求后进行，并要注意不能碰坏垂直面，造成角度不准。

② 刀口形 90°角尺是以短面为基准测量直角，但在加工时应先加工长直角面，然后以此为基准来加工短面达到 90°，而最后检查垂直度仍应以短直角面为测量基准。

③ 各面的平面度，内、外面的垂直度要达到图样要求。

④ 两刀口斜面按尺寸要求做，不能过大或过小。

⑤ 细小部分可用整形锉刀锉削，避免碰坏相邻面。

表 9-3　刀口形 90°角尺配分表

学号	姓名	评分要素及配分标准										得分
		尺寸要求 $20_{-0.06}^{0}$ mm（2组×8分）16分	尺座测量面平面度 0.015 mm（2面×6分）12分	刀口面直线度 0.015 mm（2面×8分）16分	外直角垂直度 0.03mm 8分	内直角垂直度 0.03mm 8分	测量面表面粗糙度 $Ra\leq$ 0.1 mm（4面×4分）16分	倒角面平面度（4面×2分）8分	尺寸 100±0.05、70±0.05（2面×2分）4分	二大平面表面粗糙度 $Ra\leq$ 0.4 mm（2面×4分）8分	安全文明生产 4分	
1												
2												
3												
4												
5												
6												
7												
8												
9												
10												
11												

指导教师：　　　　　　　　　　　　实训班级：　　　　　　　　　　　实训时间：

项目十 凹凸配

本项目主要学习凹凸配，掌握对称度的测量方法，初步掌握有对称度要求工件的划线方法，掌握有形配合件的锉配技巧。图中“配作”是在凹凸件分别达到基本要求后，在两件相配合时，通过精锉，不但单件达到技术要求，两件配合也要达到配合技术要求。通过本项目的学习和训练，能够完成如图 10-1 和图 10-2 所示零件。

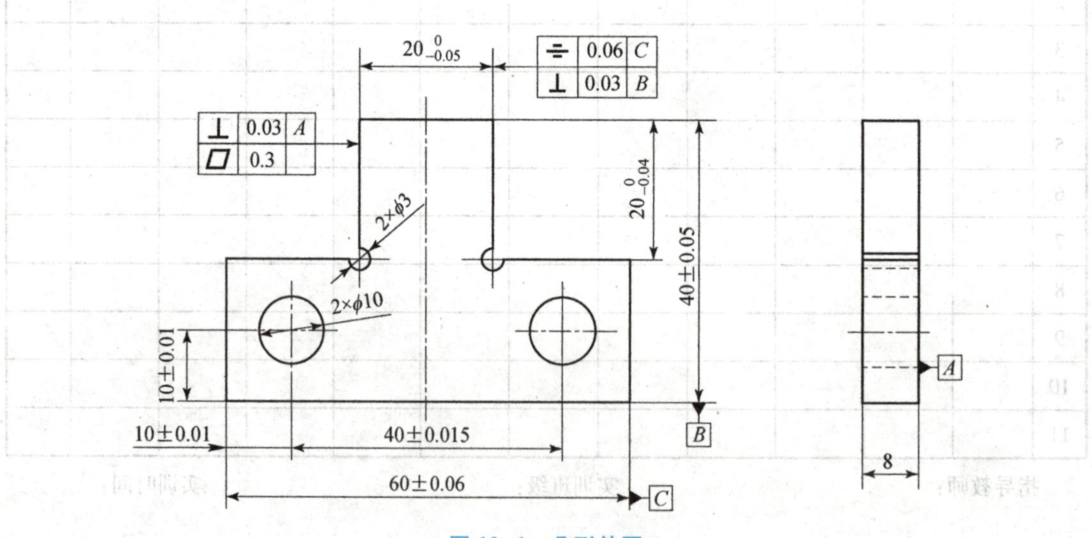

图 10-1　凸形件图

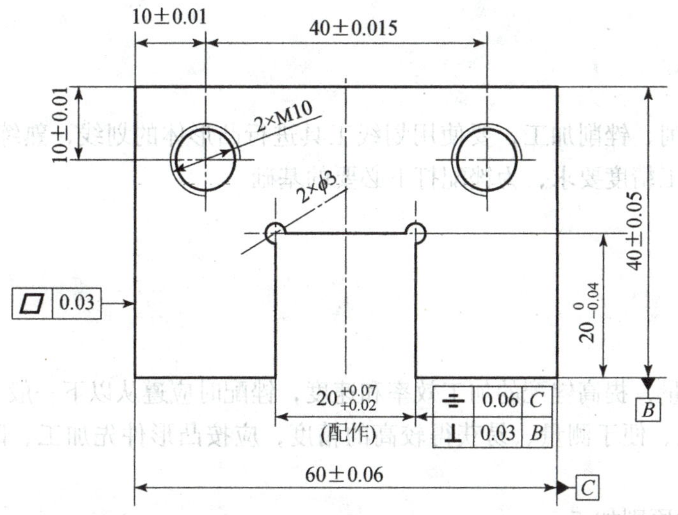

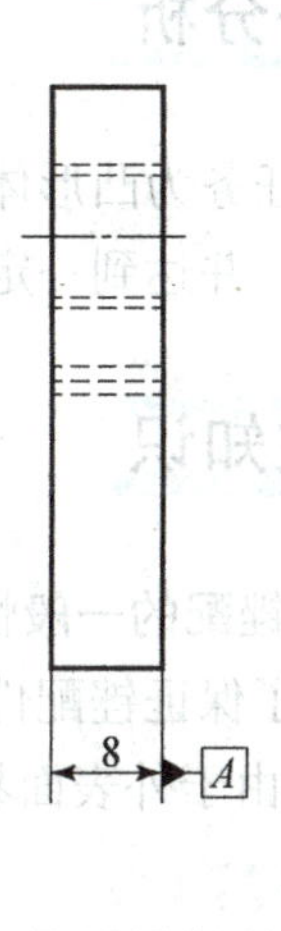

图 10-2 凹形件图

任务一 凸形件的加工

知识目标

1. 了解锉配件的一般加工工艺和锉配方法。
2. 能正确分析图样，编制科学的凸形件加工步骤。
3. 进一步理解基准和几何公差的意义和实际应用。

能力目标

1. 掌握凸形件的加工技巧。
2. 能熟练运用 V 型铁结合杠杆百分表对工件进行对称度测量。
3. 会选用合适的锉刀加工凹凸体锉配件。
4. 通过本课题的学习，使学生进一步养成不怕吃苦的意志品质和精益求精学习态度。

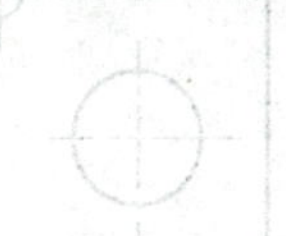

任务描述

加工图样如图 10-1 所示。本次任务主要是学习凸形体的划线方法，进一步掌握凸形件加工技巧。加工中要注意工、量具的正确使用。

任务分析

本任务为凸形体的锯削、锉削加工，要使用划线工具进行凸形体的划线，熟练锉、锯、钻技能，并达到一定的加工精度要求，为锉配打下必要的基础。

相关知识

1. 锉配的一般性原则

为了保证锉配件的质量，提高锉配的加工效率和速度，锉配时应遵从以下一般性原则：

① 由于外表面易加工、便于测量、易获得较高的精度，应按凸形件先加工、凹形件配作加工；

② 按测量从易到难的原则加工；

③ 按中间公差加工的原则；

④ 按从外到内，从大面到小面加工的原则；

⑤ 按从平面到角度，从角度到圆弧加工的原则；

⑥ 按对称性零件先加工一侧，以利于间接测量的原则；

⑦ 最小误差原则——为保证获得比较高的锉配精度，应选择有关外表面作划线和测量的基准，因此，基准面应达到最小形位误差要求；

⑧ 在运用标准量具不变或不能测量的情况下，应按优先制作辅助检具和采用间接测量方法的原则；

⑨ 按综合兼顾、勤测慎修、逐渐达到配合要求的原则。

2. 对称度的概念和测量方法

（1）对称度的概念

对称度指的是所加工尺寸的轴线，必须位于距离为对称度要求的公差值范围内，且相对通过基准轴线的辅助平面对称的两平行平面之间，属位置公差。对称度公差带是：距离为公差值 t，且相对基准中心平面（中心线、轴线）对称配置的两个平面（或直线）之间的区域，如图 10-3 所示。有面对面、线对面、面对线、线对线的对称度。对称度误差指以基准为对称中心，包含被测表面的对称平面（或轴心线）的两个平面之间的最大偏移距离 δ，如图 10-4 所示。

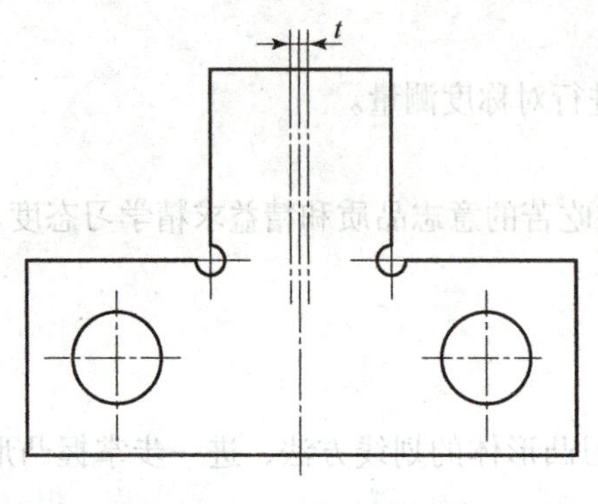

图 10-3　对称度公差带

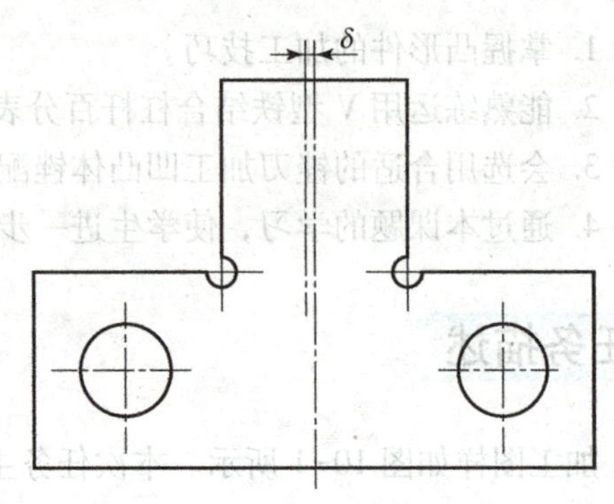

图 10-4　对称度误差

（2）对称度的测量方法

对称度的检测要找出被测中心要素离开基准中心要素的最大距离，以其 2 倍值定为对称度误差，通常用测长量仪测量对称两平面或圆柱面的两边要素，各自到基准平面或圆柱面的两边素线的距离之差，测量时用平板、定位块模拟基准滑块或槽面的中心平面。

将被测零件放置在平板上，测量被测表面与平板之间的距离，将被测件翻转 180°后，测量另一被测平面与平板之间的距离，取测量截面内对应两侧点的最大差值作为对称度误差。

测量被测表面与基准表面的尺寸 A 和 B，其差值为对称度误差，即 $\delta=A-B$，如图 10-5 所示。

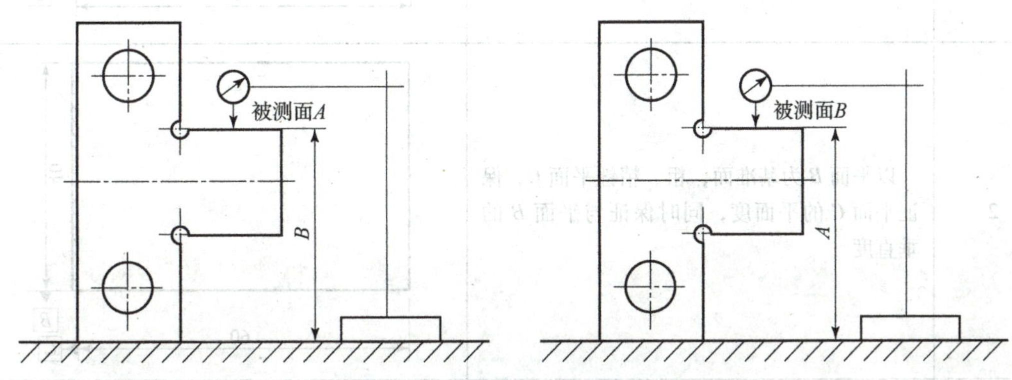

图 10-5　对称度误差测量方法

任务实施

一、毛坯

根据图样进行下料，毛坯为 62 mm×42 mm×8 mm 的 45 钢板料。

二、工艺步骤

① 按图样要求锉削加工 B、C 两个基准面，使两个基准面达到图纸要求的平面度、垂直度。

② 在基准面 A 上进行划线，用划线工具划各加工界线、工艺孔和通孔中心线。

③ 凸形件工艺步骤见表 10-1。

三、注意事项

① 锉削加工一定要按照加工工艺进行。

② 两个 ϕ10 mm 孔不得直接利用 ϕ10 mm 钻头钻削，应先用 ϕ3 mm 钻头钻引导孔，以保证两个 ϕ10 mm 孔的位置精度。

③ 操作时要细致，锉削方向要一致，注意各尺寸的测量及公差要求。

表 10-1　凸形件工艺步骤

步骤	加工内容	图　示
1	检查来料尺寸是否符合要求，去除毛刺。选择加工基准面，粗、精锉基准面 *B*，保证该平面的平面度	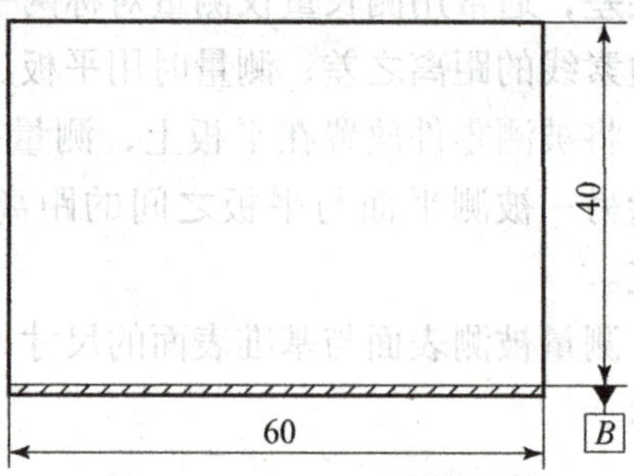 40　60　B
2	以平面 *B* 为基准面，粗、精锉平面 *C*，保证平面 *C* 的平面度，同时保证与平面 *B* 的垂直度	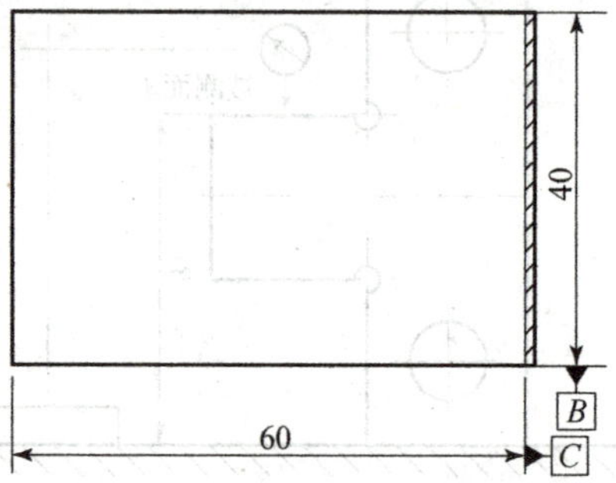 40　60　B　C
3	以平面 *C* 为基准面划线，用高度游标卡尺分别划 10 mm、20 mm、40 mm、50 mm、60 mm 的线，以平面 *B* 为基准面划线，用高度游标卡尺分别划 10 mm、20 mm、40 mm 的线，并分别在两条 10 mm×10 mm 交界处和 10 mm×50 mm 交界处以及两条 20 mm×20 mm 交界处和 20 mm×40 mm 交界处打比较深的样冲眼，便于钻孔	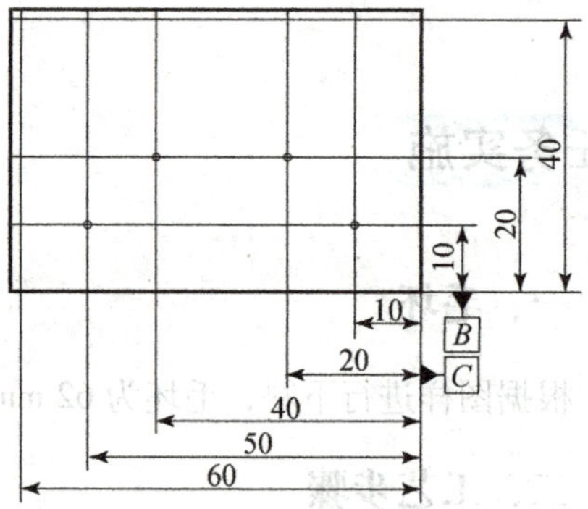 40　20　10　B　10　20　C　40　50　60
4	利用台钻安装 ϕ3 mm 钻头，在打样冲眼的位置钻通孔，然后在 10 mm×10 mm 交界处和 10 mm×50 mm 交界处利用 ϕ10 mm 钻头扩孔	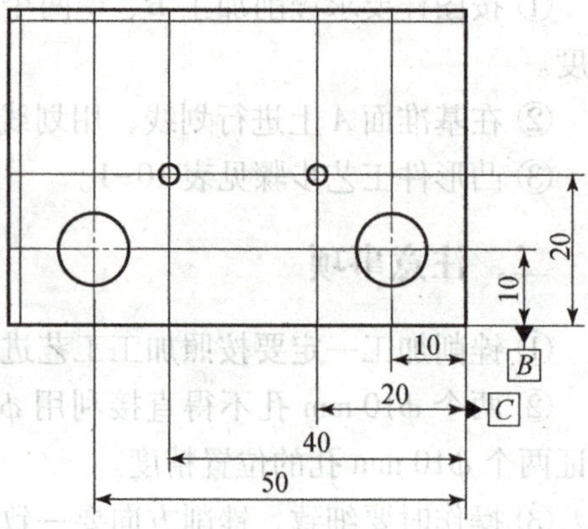 20　10　B　10　20　C　40　50

续表

步骤	加工内容	图　示
5	分别粗、精锉平面 *C* 的对面和平面 *B* 的对面，保证两平面的平面度与基准平面的平行度和垂直度，并保证 60±0.06 mm 与 40±0.05 mm 两个尺寸精度	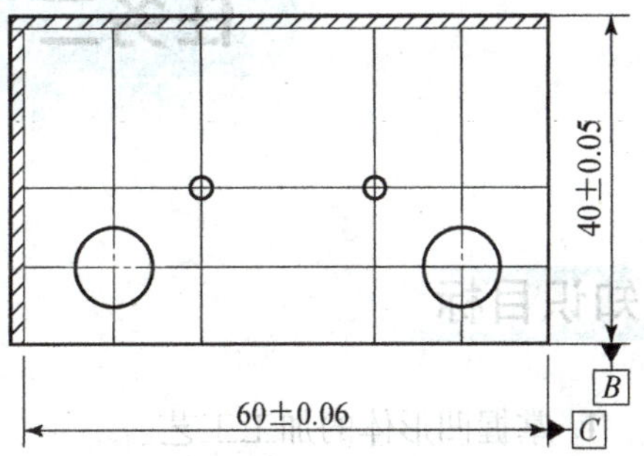
6	根据所划的加工界线，锯削凸形体的两个直角面，剧削时注意保留锉削的加工余量	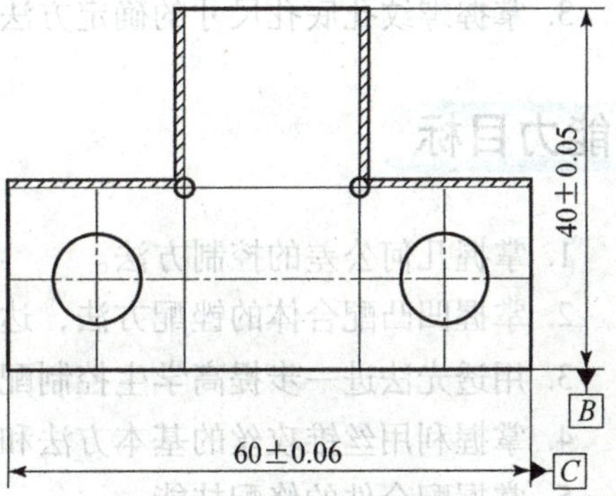
7	分别粗、精锉凸形体的两个直角面，并保证两个直角面自身的平面度、直角面与基准面的平行度、垂直度，两个 20 mm 直角面保留加工尺寸上偏差，为与凹形件的配作留一定的加工余量	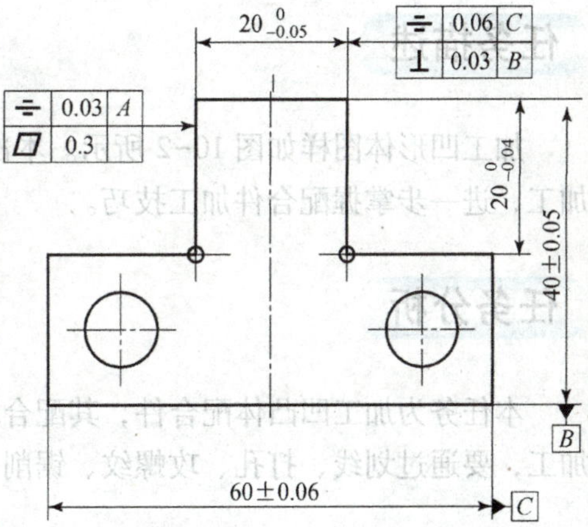

④ 为了给最后的锉配留有一定的余量，在加工凸形件外轮廓尺寸时，应控制到尺寸的上偏差。

⑤ 在加工各垂直面时，为了防止锉刀侧面碰坏另一垂直侧面，要用三角锉刀进行锉削，不得使用平锉或方锉刀。

⑥ 在加工 20 mm 凸件时，只能先锉削一垂直角的两个面，待加工至所要求的尺寸公差后，才能锉削另一垂直角的两个面。

任务二 凹形体的加工

知识目标

1. 掌握凹形体的加工工艺。
2. 了解影响锉配精度的因素。
3. 掌握螺纹孔底孔尺寸的确定方法。

能力目标

透光测量法

1. 掌握几何公差的控制方法。
2. 掌握凹凸配合体的锉配方法，达到配合精度要求。
3. 用透光法进一步提高学生控制配合件间隙、修整配合件误差的能力。
4. 掌握利用丝锥攻丝的基本方法和注意事项。
5. 掌握配合件的修配技能。

任务描述

加工凹形体图样如图 10-2 所示。本次任务主要是学习用加工完成的凸形体进行凹形体加工，进一步掌握配合件加工技巧。

任务分析

本任务为加工凹凸体配合件，其配合精度要求高，要根据已加工好的凸形体进行凹形体加工，要通过划线、打孔、攻螺纹、锯削，锉削完成配合件。

相关知识

1. 螺纹底孔直径和深度的确定

攻螺纹前，底孔直径的确定十分重要，它对攻螺纹的加工质量和工艺性的好坏有很大影响。攻螺纹时，丝锥每个切削刃除起切削作用外，还伴随有较强的挤压作用。因此，金属产生塑性变形形成凸起并挤向牙尖，从而使攻出的螺纹孔小径小于螺纹底孔直径。因此，攻螺纹前的螺纹底孔直径应稍大于螺纹孔小径，否则攻螺纹时因挤压作用，会使螺纹牙顶与丝锥

牙底之间没有足够的容屑空间，并将丝锥箍住造成攻丝困难甚至折断丝锥。这种现象在攻塑性较大的材料时将更为严重。但螺纹底孔直径不宜过大，否则会使螺纹牙形高度不够，降低强度。

螺纹底孔直径的大小要根据工件材料塑性及钻孔扩张量来考虑，底孔直径可根据下列经验公式计算得出：

① 在加工钢和塑性较大的材料及扩张量中等的条件下：

$$D_0 = D - P$$

式中　D_0——钻螺纹底孔所用的钻头直径，mm；

D——螺纹大径，mm；

P——螺距，mm。

② 在加工铸铁和塑性较小的材料及扩张量较小的条件下：

$$D_0 = D - (1.05 \sim 1.1)P$$

式中　D_0——钻螺纹底孔所用的钻头直径，mm；

D——螺纹大径，mm；

P——螺距，mm。

（2）螺纹底孔深度的确定

攻不通螺纹时，由于丝锥切削部分有锥角，端部不能切出完整的牙形，所以钻孔深度要大于螺纹的有效深度，一般取：

$$H_0 = h_1 + 0.7D$$

式中　H_0——底孔深度，mm；

h_1——螺纹有效深度，mm；

D—螺纹大径，mm。

任务实施

一、毛坯

根据图样进行下料，毛坯为 62 mm×42 mm×8 mm 的 45 钢板料。

二、工艺步骤

① 按图样要求锉削加工 B、C 两个基准面，使两个基准面达到图纸要求的平面度、垂直度。

② 在基准面 A 上进行划线，用划线工具划各加工界线、螺纹孔和通孔中心线。

③ 凹形件工艺步骤见表 10-2。

表 10-2　凹形件工艺步骤

步骤	加工内容	图　示
1	检查来料尺寸是否符合要求，去除毛刺。选择加工基准面，粗、精锉基准面 *B*，保证该平面的平面度；以平面 *B* 为基准面，粗、精锉平面 *C*，保证平面 *C* 的平面度，同时保证与平面 *B* 垂直度	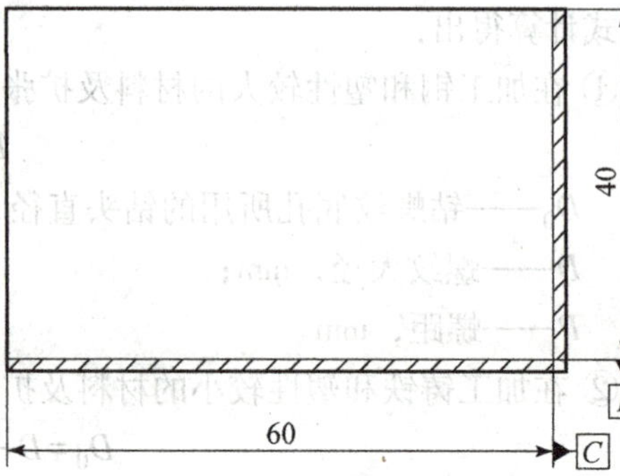
2	以平面 *C* 为基准面划线，用高度游标卡尺分别划 10 mm、20 mm、40 mm、50 mm、60 mm 的线，以平面 *B* 为基准面划线，用高度游标卡尺分别划 18.5 mm、20 mm、30 mm、40 mm 的线，并分别在两条 20 mm×20 mm 交界处和 20 mm × 40 mm 交界处，以及两条 30 mm×10 mm 交界处和 30 mm×50 mm 交界处打比较深的样冲眼，便于钻孔	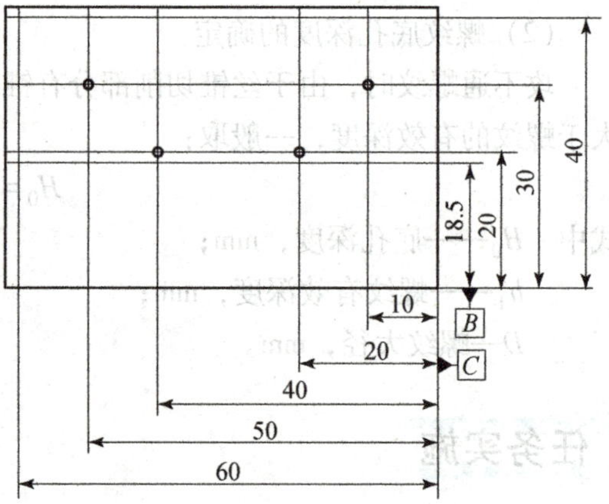
3	利用台钻安装 ϕ3 mm 钻头，在打样冲眼的位置钻通孔，利用 ϕ2 mm 钻头在 18.5 mm 处钻排孔；在 30 mm×10 mm 交界处和 30 mm×50 mm 交界处，利用 ϕ8 mm 钻头扩孔，扩孔完毕后用 M10×1.5 mm 丝锥攻螺纹	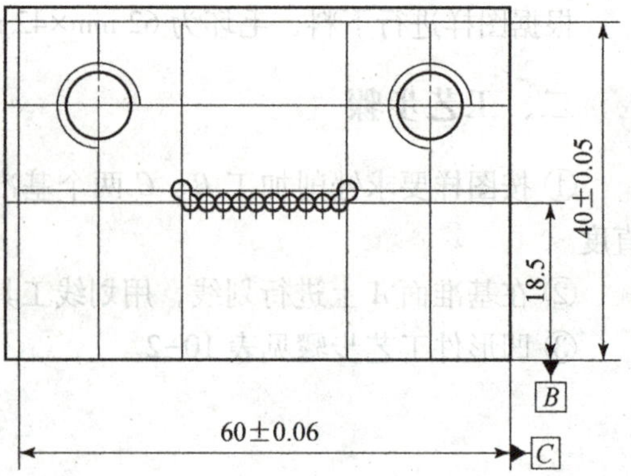

续表

步骤	加工内容	图　示
4	利用手锯在距离凹形槽所划线 2 mm 处锯削两个垂直面，并錾切余料	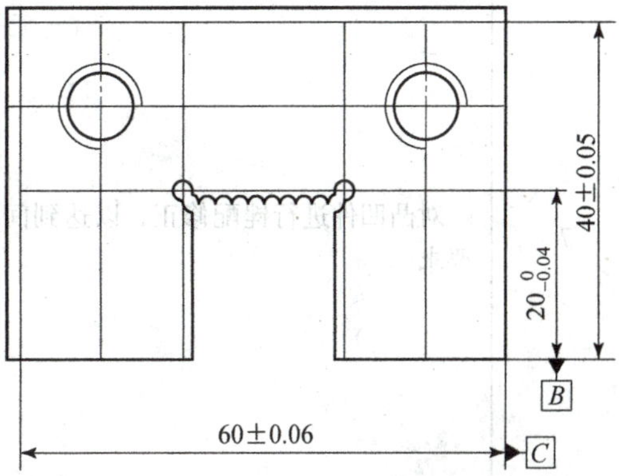 40±0.05 $20_{-0.04}^{0}$ B 60±0.06 C
5	分别粗、精锉平面 C 的对面和平面 B 的对面，保证两平面的平面度与基准平面的平行度和垂直度，并保证 60 ± 0.06 mm 与 40±0.05 mm 两个尺寸精度	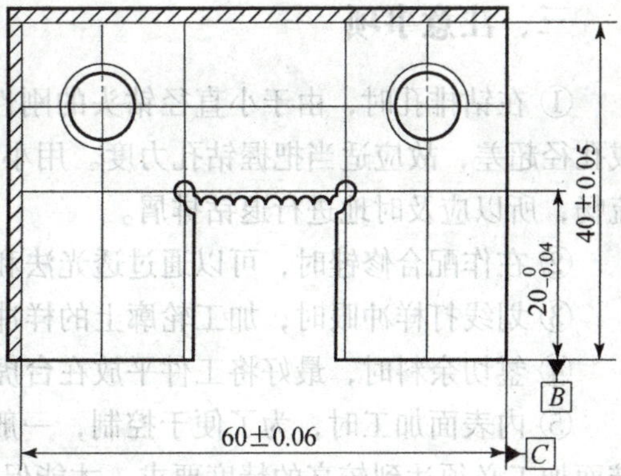 40±0.05 $20_{-0.04}^{0}$ B 60±0.06 C
6	粗锉凹形槽各面至接触线条，精锉凹形槽左侧面，再根据凸形件锉配右侧面，最后根据凸形件锉配底面	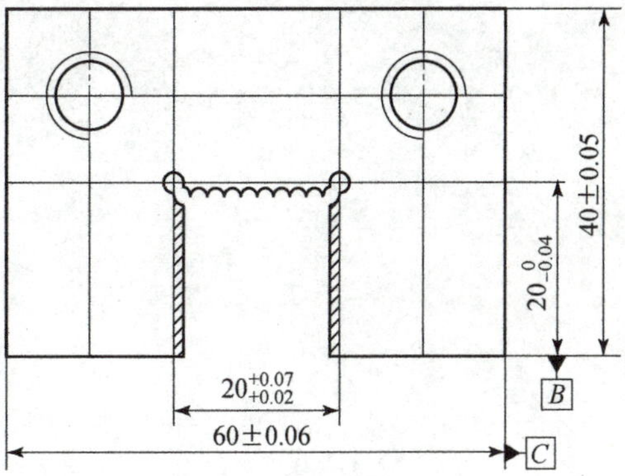 40±0.05 $20_{-0.04}^{0}$ B $20_{+0.02}^{+0.07}$ 60±0.06 C

续表

步骤	加工内容	图　示
7	对凸凹件进行锉配修正，以达到间隙要求	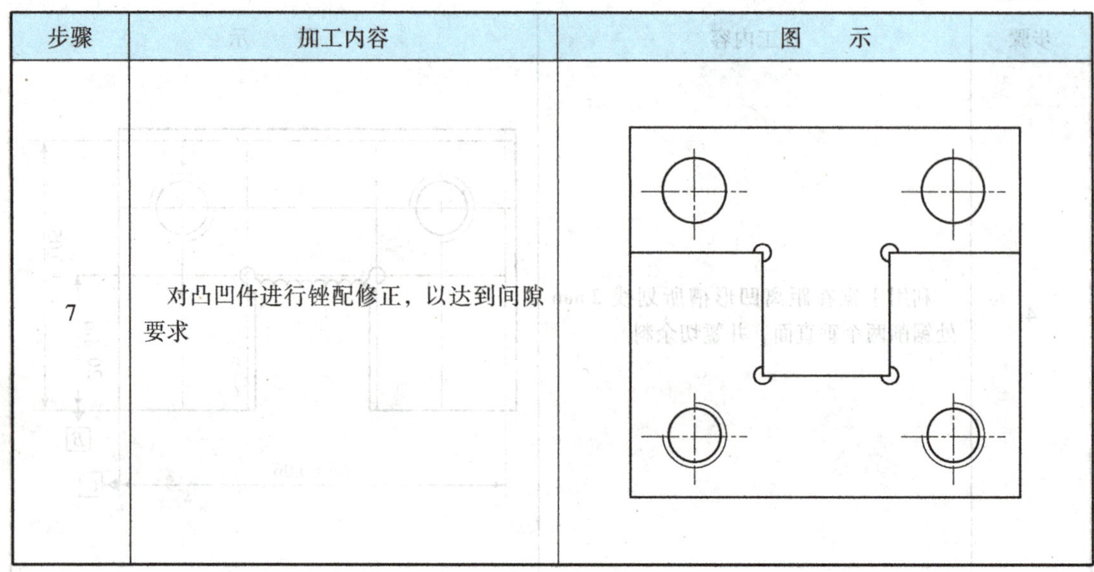

三、注意事项

① 在钻排孔时，由于小直径钻头的刚性较差，容易损坏弯曲，致使钻孔产生倾斜，造成孔径超差，故应适当把握钻孔力度。用小直径钻头钻孔时，由于钻头排屑槽狭窄，排屑不流畅，所以应及时地进行退钻排屑。

② 在作配合修锉时，可以通过透光法和涂色显示法来确定修锉部位和余量。

③ 划线打样冲眼时，加工轮廓上的样冲眼深度较浅，排孔中心上的样冲眼较深。

④ 錾切余料时，最好将工件平放在台虎钳的砧部进行錾切。

⑤ 内表面加工时，为了便于控制，一般应选择有关外表面作测量基准。因此对外形基准面加工必须达到较高的精度要求，才能保证得到规定的锉配精度。

⑥ 为达到配合后换位互换精度，在凸凹件各面加工时，必须把垂直度误差控制在最小范围内。如果凸凹件没有控制好垂直度，互换配合就会出现很大间隙。

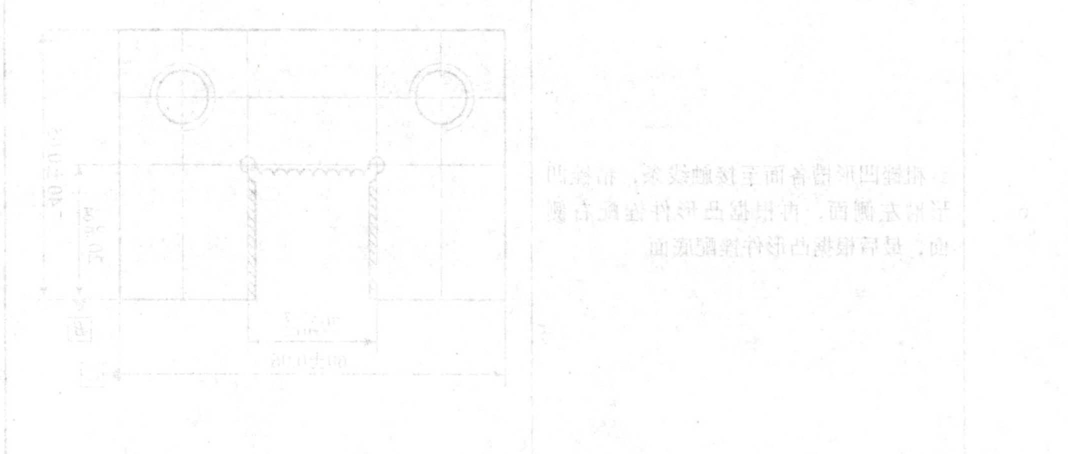

表 10-3　凹凸配合件配分表

学号	姓名	评分要素及配分标准										得分
		尺寸要求 $20^{0}_{-0.05}$ mm、$20^{\pm0.07}_{+0.05}$ mm（2 处×8 分）16 分	尺寸要求 40±0.05 mm、60±0.06mm（2 处×8 分）16 分	螺纹孔和通孔 10±0.01 mm（8 处×2 分）16 分	外直角垂直度 0.03mm 8 分	内直角垂直度 0.03mm 8 分	配合间隙 <0.1 mm（5 面×2 分）10 分	配合后对称度 0.06 mm 8 分	凹形体侧面平面度 0.03 mm（2 处×3 分）6 分	ϕ3 mm 工艺孔位置正确（4 处×2 分）8 分	安全文明生产 4 分	
1												
2												
3												
4												
5												
6												
7												
8												
9												
10												
11												

指导教师：　　　　　　实训班级：　　　　　　实训时间：